从Excel到 Power BI

商业智能数据分析

马世权◎著

电子工业出版社
Publishing House of Electronics Industry
北京·BEIJING

内 容 简 介

Microsoft Power BI 是微软发布的一套商业分析工具。其功能整合了 Excel 中的 Power Query、Power Pivot、Power View、Power Map 插件，并加入了社交分享、云服务等功能。本书以 Excel 基础+Power BI 为方法论，使用最平易近人的语言讲解 Power BI 的技术知识，让零基础读者也能快速上手操作 Power BI。

本书以读者的兴趣阅读为出发点，首先通过介绍可视化模块让读者全面体验 Power BI 的操作，并掌握让数据飞起来的秘籍；然后迈上一个大台阶，让读者学习 Power Query 数据查询功能，瞬间解决最耗费时间且附加值最低的工作；最后全力攻克 Power BI 的核心价值模块 Power Pivot（数据建模）和 DAX 语言，让读者直达商业智能数据分析的巅峰，站到 Excel 的肩膀上。

本书适合财务、管理、客服、物流、行政与人力资源、电商等行业人员，也适合零 IT 基础的读者。

图书在版编目（CIP）数据

从 Excel 到 Power BI：商业智能数据分析 / 马世权著. —北京：电子工业出版社，2018.2
ISBN 978-7-121-33324-8

Ⅰ. ①从… Ⅱ. ①马… Ⅲ. ①可视化软件－数据分析 Ⅳ. ①TP317.3

中国版本图书馆 CIP 数据核字(2017)第 315696 号

策划编辑：王　静
责任编辑：王　静
印　　刷：涿州市般润文化传播有限公司
装　　订：涿州市般润文化传播有限公司
出版发行：电子工业出版社
　　　　　北京市海淀区万寿路 173 信箱　　邮编：100036
开　　本：720×1000　　1/16　　印张：17.25　字数：320 千字　　彩插：2
版　　次：2018 年 2 月第 1 版
印　　次：2025 年 1 月第 26 次印刷
定　　价：59.00 元

从Excel到Power BI, 开启商业智能数据分析之路

③ 数据查询: Power Query

- ☐ 告别"数据搬运工"
- ☐ 数据清洗30招
- ☐ 获取数据
- ☐ 追加与合并查询
- ☐ 精益管理思想
- ☐ M语言与DAX语言之争

② Power BI初体验及数据可视化

- ☐ 数据查询
- ☐ 数据建模和度量值
- ☐ 可视化及自定义视觉对象
- ☐ 筛选器、层次、交互和分享
- ☐ 可视化原则

① Power BI: 让数据飞起来

- ☐ Power BI介绍
- ☐ 从Excel到Power BI的5个理由
- ☐ 数据分析原理

④ 数据建模: Power Pivot与DAX语言

- ☐ 度量的力量
- ☐ 关系模型
- ☐ Power Pivot 与Pivot
- ☐ 度量值
- ☐ 计算列

⑦ DAX语言高阶: 进击的数字大厨

- ☐ Values函数
- ☐ Hasonevalue函数
- ☐ Earlier函数
- ☐ SumX函数
- ☐ RankX和TopN函数
- ☐ VAR/Return函数
- ☐ DAX: 用作查询的语言
- ☐ Excel+Power BI

⑤ DAX语言入门: 真正的颠覆从这里开始

- ☐ DAX语言
- ☐ 聚合函数
- ☐ 最强大的引擎: Calculate函数
- ☐ All家族函数
- ☐ 高级筛选器函数Filter
- ☐ 理解上下文

⑥ DAX语言进阶: 最简单也是最好用的

- ☐ Divide函数
- ☐ If和Switch函数
- ☐ Related、Relatedtable和Lookupvalue函数
- ☐ Time Intelligence函数
- ☐ 日历表的使用
- ☐ 分组的技巧
- ☐ 度量值的收纳盒

专家寄语

关注马世权！在我的意料之中，他正在写一本书，讲述了我们这个时代最重要的话题之一：数据分析、可视化以及通过 Power BI 使数据可消费。作为第四次工业革命的一部分，只有让数据易于理解，我们才能真正发现其中的价值。本书将有助于推进数据的民主化，教会读者如何运用数据并通过可视化的方式使每个人都能够理解它。作为英特尔 Fab68 创新团队的资深成员，他曾帮助我们打造极具创造力的投资回报模型和演示，现在，这位创造者将帮助我们所有人自助式地完成这件事！加油！

——Esther Baldwin（美国），英特尔人工智能战略专家，

美国艾森豪威尔基金会学者

自从第一次发现了这款产品，我学习 Power BI 已有 4 年的光景，曾经被 Power Pivot 和 Power Query 插件所震撼，现在是 Power BI。如果想要学好这些工具，以我个人的经验，你需要不断地练习。我的建议是，尽可能地多读书，阅读博客（包括我的博客 http://xbi.com.au/blog），加入 Power BI 社区并参与其中。最重要的是，当你掌握了这些工具，可以第一时间利用它们震撼你的同事。祝你好运，我希望你将与我一样，有一段成功的学习之旅！

——Matt Allington（澳大利亚），微软 MVP，

自助式 BI 专家，Excelerator BI 创始人

非常高兴看到 DAX 的应用者遍布世界——你好，中国！

——Marco Russo（意大利），微软 MVP，

SQL Server 分析服务（SSAS）大师，SQL BI 创始人

Power BI 系列产品是我从事数据工作以来遇到的最令人兴奋的工具，没有之一！无须专业的技术背景，就能快速上手，进行相对复杂的数据分析并输出可视化效果。如果你也从事数据相关的工作，那么快来了解学习吧，体验新工具带来的生产力变革！

之前曾有幸和马世权老师深入交流过 Power BI 和 DAX 语言，受益匪浅！现在很高兴看到马老师将这些经验通过写书的方式分享出来，这绝对是广大 Power BI 爱好者和初学者的福音！祝马老师的新书大卖！

——赵文超，微软 MVP，"Power Pivot 工坊"创始人

人人都是数据分析师！

这绝对不是一个噱头，自助式商务智能软件（以 Power BI 为代表）的普及，使得数据分析从复杂的技术活儿走向标准化的流程，在这套流程下，作为业务人员也能轻松玩转数据分析。

可以说，掌握 Power BI 技术，是 Excel 新手逆袭的最佳方式，马老师深刻洞察了这一变革，创作了这本《从 Excel 到 Power BI：商业智能数据分析》。如果说 Power BI 能让你实现数据分析师的梦想，那么本书则能为你的梦想插上翅膀！

——安伟星，微软 MOS 认证大师，精进 Excel 创始人，
《竞争力：玩转职场 Excel，从此不加班》作者

数据驱动力是这个时代热议也是特别有价值的话题，Power BI 让个人及企业对数据的利用及投入产出效能最大化，马世权老师对这套工具（器）与分析方法（道）做了完美诠释，并用通俗易懂的语言传道，让我们跟随其脚步一起探索这个高价值的领地。

——袁雷（雷公子），快道营销总监，知乎专栏"简快 Excel"创始人

驾驭"大"数据的能力将在数据时代成为和英语、计算机、驾驶、演讲一样重要的普适能力素养。数据建模不再仅仅限于数据专家小众领域，它几乎是任何企业、任何人在任何时间都需要面对的挑战。Power BI 正是一套定位于面向商业分析的数据解决方案套件，它为所有组织和个人带来前所未有的商业智能体验。作者结合多年行业经验进行 Power BI 实践，带领大家一起领略其中的乐趣。也许一旦上手，你就再也回不去了。

——宗萌（BI 佐罗）（微信公众号"Excel120"）

马老师用通俗的语言，结合贴近生活的类比，形象地描绘出了 Power BI 各个组件的作用。系统地掌握一门新工具需要花一些时间，希望本书能为你的学习带来启发。

——高飞（微信公众号"Power BI 极客"）

职场中，在你仍苦练传统"冷兵器"的时候，别人已经开始用"枪"和你对决了！Power BI Desktop 就是新出现的一款职场数据处理武器，具有数据转换、建模、可视化全流程的数据分析能力，让人人都能成为数据分析师。本书是国内不多的介绍 Power BI Desktop 的中文书，将为你开启职场武器升级之路！

——王信信，Power BI 之家论坛创建人

如果有一种工具你和其他人都在用，而你比其他人用得都好，那么你就会获得比别人更多的发展机会和提升空间。这是因为你能够发挥出足够的个人差异化价值。

现在就有这么一个机会和一款工具摆在你的眼前，这个机会叫 Power BI，这款工具叫 Excel。Excel+ Power BI 约等于一条升职加薪的高速路。

马老师不仅是 Power BI 的高级使用者，更是一位优秀的经验传授者。在书中，马老师使用非常平易近人的语言来讲解 Power BI 的技术知识，就算你之前从未听过 Power BI，只要认真通读全书后，应该就能够轻松将 Power BI 技术用起来了。

——李奇，微软 MVP，中国电子表格应用大会主席

作者结合常见的分析场景娓娓道来，图文编排贴切、精美，关于 DAX 公式的讲解深入浅出，是不可多得的一本 Power BI Desktop 上手参考书。

——刘凯，《Excel PowerPivot 数据可视化分析必备 18 招》作者

人有千算，天则一算

新经济的浪潮已经不可逆转地到来，一个又一个领域相继出现破坏性创新的独角兽企业，这既给我们的生活不断带来种种便利，同时也从灵魂深处拷问着所有行业的决策者们：你的商业模式是否合理？你的业务拓展速度是否迅速？你对客户的满意度搜集和相应的反馈机制是否及时、有效？

可以预见，对任何一个行业的决策者来说，世界的变化只会越来越快，对于决策的挑战也就越来越大——正确的决策可能会带来业务规模和收入的爆发式增长，而错误的决策可能在瞬间就会将一家企业从巅峰拖入深渊；同样，正确的决策早一些做出可能就让你有领先对手一个身位的先发优势，而先发优势在新经济领域常见的平台战略中的重要性不言而喻。

如何正确、快速地做出决策？许多企业家都不乏想象力和直觉，况且还有高管们群策群力，各抒己见。我并不反对这样的决策方式，只是根据我的经验发现，我们更应该提倡各种直觉观点和系统化的数据分析的相互验证。每个人都有自己的角度和想法，这就是所谓"人有千算"，人的"千算"中必然包含着想象力和创意，这是值得珍视和保留的；然而"天则一算"，所有的想法到最后还是靠数据来证实的，冰冷的数字从来没有情绪，也从来不会说谎，它会用最直接的方式告诉我们事实的真相。

在高度竞争的行业中，数据并非一成不变，而是不断反映着最原始的客户反馈和市场竞争的变化情况。所以我们不但要关注数据，还必须建立从数据到基于数据的小步快跑的商业决策，然后得到新的数据反馈，再得到更新后的基于数据的商业决策这样的快速迭代、不断更新的闭环，才能够把错误的决策扼杀在萌芽状态，同时不断地积累胜利。

世界变化快速，并且变化速度还必将越来越快，所有既有的生存法则、商业模式、资源分配都将不可避免地在世界的快速变化中面临挑战，并且必然发生重大的变化。任何数量级的财富和资源都不够你在快速变化的世界中没有方寸地乱折腾，唯有本着惶惶不可终日之心，建立起系统、敏捷的数据分析体系和基于数据分析体系的决策体系，才能生存。

纲举则目张

我认为，一家企业要建立系统、敏捷的数据分析体系和基于数据分析体系的决策体系，关键在于决策者必须要做一个良好的顶层设计。

首先，我们应该从业务角度出发，从全流程来梳理整个业务的所有节点。一定要确保节点颗粒度的细致和准确，只有良好地还原出整个业务的所有节点，我们才能够在业务系统中设置好数据的采集点，进而才能够为数据分析提供良好的数据支持基础——正所谓皮之不存，毛将焉附，如果在数据搜集上已经不准确，或者有较大遗漏，那么使用先天不足的数据库必然也不可能分析出最全面、最有价值的决策建议。

其次，数据分析体系的建设永远没有尽头，因此，我们应该有优先级的概念。我们必须本着"以终为始"的观点，首先搞明白我们在业务上面临的最主要挑战是什么，我们最不能够放弃业务的哪个环节，我们的成本中最大占比项目是什么。数据分析系统的建设要首先针对这些目标打"必赢之战"。

最后，要不断地自上而下地推动用数据驱动方式来做决策的内部培训和文化养成工作，形成"let data talk（用数据说话）"的文化。决策者和管理者往往站得比较高，但是真正面对业务的往往是一线人员。一定要把一线人员的数据文化和意识培养起来，让其明白"不谋全局者，不足谋一域"的观点，形成依靠数据做决策的内因，让每个人都成为数据分析师和数据分析体系的优化师。

纲举则目张；路虽远，不行不至；事虽难，不为不成。我相信，再传统的行业、再原始的企业，也必须要走出数据化决策这一步，虽然数据化决策和快速迭代的概念都来自高科技行业，看起来很高深，但是只要把握住以上三条大纲，持之以恒地进击，"雄关漫道"都会"从头而越"！

工欲善其事，必先利其器

非常高兴和有幸能够在探讨数据决策的管理理念的同时，向广大的读者推荐我的同事马世权以及他最新出炉的著作《从 Excel 到 Power BI：商业智能数据分析》。马世权在我们这样一个快速迭代、快速发展的新经济公司中已经工作较长时间了，在我们愉快的合作中，他从 0 到 1 地逐渐建立起针对公司业务的数据分析和商业智能体系。大量的真实数据、大量的真实业务目标和诉求、大量的蕴藏在数据背后的商业机会和危险，这些无不是马世权和他的数据分析小伙伴们需要去创造价值的战场。

令人欣慰的是，马世权不但在战场上凯旋，还带回了经过实战磨炼的武器——也就是我们眼前的这本秘籍。授人以鱼，不如授人以渔，也许马世权所做的数据分析工作只对我们有利网公司自身有价值，但是在真刀真枪的工作中总结出来的工具和方法却可以普惠所有相关的有识之士。我在前文中反复强调了数据分析工作的重要性，而马世权的这本著作恰好可以帮助我和所有认可这个理念的人来高效、落地开展数据分析工作。工欲善其事，必先利其器，如果广大的读者真心想要做好数据分析工作，不妨在投入具体工作之前或者之中好好翻一翻这本书，必定可以起到事半功倍之效。

本书是一本很好的工具书，详细地介绍了 Power BI 这个新推出的也是非常有竞争力的商业智能数据分析工具。但是同时，本书又不仅限于工具的介绍，在不少地方都有着对于工具本身的思考，以及对于开展数据分析的原则方法论的探讨。比如，对"精益管理"思想探讨的这部分内容就已经上升到了方法论的层次上，类似的例子还有不少。我相信，无论数据分析工具有多厉害，最终也要依靠掌握了方法论的人去理解它、优化它和革新它——兵无常势，水无常形，能因敌变化而取胜者，谓之神！

下面的时间就赶紧交给马世权和他的作品吧！

有利网 CEO　吴逸然

2018 年 1 月　北京

本书介绍

"If you can't explain it simply, You don't understand it well enough.（如果一件事情，你不能简单地表达出来，那么说明你对它的理解还不够。）"本书以爱因斯坦的这句名言为原则，以 Excel 基础+Power BI 为方法论，使用最平易近人的语言来讲解 Power BI 的技术知识，让零基础读者也能快速上手操作。

本书的学习路线以新手的兴趣阅读为出发点，首先通过介绍可视化模块让读者全面体验 Power BI 的操作，并掌握让数据飞起来的秘籍；然后迈上一个大台阶，让读者学习 Power Query 数据查询功能，瞬间解决最耗费时间且附加值最低的工作；最后全力攻克 Power BI 的核心价值模块 Power Pivot（数据建模）和 DAX 语言，让读者直达商业智能数据分析的巅峰，站到 Excel 的肩膀上。

案例数据文件

本书以简单易懂的咖啡店销售数据为例，让读者像学习烹饪一样，技术与美味兼得，读完此书之时，也是完成作品之际，使读者成为"星级数字大厨"。

软件适用版本

为统一教学，达到最优的流畅性和稳定性，以及引导读者利用前沿科技解决工作中的问题，本书以 Microsoft Power BI Desktop 免费中文版为使用工具，在微软官方网站（Power BI.microsoft.com）中可下载最新版本使用。Power BI 的核心知识与微软的两款产品 Excel 中的 Power 插件和面向专业 IT 人士的 SSAS（SQL Server Analysis Services）分析服务相通。也就是说，读者花一门软件的学习成本，打通业务与技术的壁垒，掌握三款有价值的工具。

与作者互动

微信公众号：Power BI 大师

知乎：PowerBI 大师

邮箱：shiquan.ma@foxmail.com

致谢

感谢我的家人，他们是我完成此书的坚实后盾。

感谢培养我的学校、公司、老师和同事，他们让我学会利用知识创造价值。

感谢几位国际前辈，Rob Collie，Avichal Singh，Matt Allington，Marco Russo 和 Alberto Ferrari，我在他们的著作和博客中受到了极大的启发，并汲取了丰厚的营养。

感谢国内那些为商业智能分析铺路的人，特别感谢赵文超、安伟星、高飞、宗萌、袁雷、刘凯、王信信、李奇对此书的支持。

感谢电子工业出版社的编辑老师王静帮助我完成了人生第一本著作。

感谢广大读者，你们的鼓励与支持是我完成此书的最大动力。

作　者

前言

站在 Excel 的肩膀上

本书的缘起

每一本成功著作的背后都蕴藏着进步的力量，这力量或颠覆你对人生的思考，或助你找到前行的方向。我写此书的野心也不例外，除作为读者放在办公桌上炫耀新兴科技的摆设外，我有一个十分明确并且很接地气的目标：让更多的人站在 Excel 的肩膀上。这愿景从何而来？且听下文分解。

我与数字打交道多年，其中的经历可以写成一部血汗史。回首这些年走过的"坑"，心中更是向往一种境界：

> 沏一杯清茶
> 或小酌一口啤酒
> 数据图表呈现在眼前
> 打开脑洞
> 发现数字背后的故事
> 梦想是要有的
> 万一实现了呢

理想很丰满，现实很残酷。大多数人，确切地说是使用 Excel 做数据分析的人，都是煎熬在重复的报表制作中，埋头加班完成工作任务，又何谈悠闲地分析数字背后的故事？这简直是痴心妄想！还好这个世界不缺乏勇于改变现状的人，对于这一点，只要看一下市面上繁多的 Excel 类书籍、课程，以及身边众多的 Excel 关注者，就知道大家的学习热情是多么高。然而，热情高并不等于能成功，你只有很努力，才能看起来很轻松。本书不想成为那些因读者一时冲动而购买，但终因努力不够而埋没于书海的读物，而是想另辟蹊径，以 Excel 基础+Power BI 为方法论，借助科技的力量，提高读者的学习投资回报率。无论你是 Excel "小白"，还是写代码的高手，都将重新站在同一起跑线，翻身成为数字的主人。

我的 Power BI 方法论

关于 Power BI 方法论，我想先从个人学习 Excel 的经历讲起。在我多年的工作经历中，无论在哪座城市，哪家公司，哪个岗位，使用的一直是 Excel，而变化的是 Excel 的版本，从 2007、2010、2013、2016 到现在的 Office 365。即使是看着它长大的，对它的了解也不过是皮毛。一般人学习 Excel 的过程大抵是这样：起步于基本的快捷键和简单的 Sum 类公式，曾惊叹 Vlookup 的神奇，又得意于习得数据透视表本领，偶尔通过百度查找一些专治"疑难杂症"类的小技巧与人炫耀，为能够生成一些五颜六色的图表而沾沾自喜。工作中的分析场景虽然是困难重重，但使用消磨时光的方法见招拆招也应付得过去，于是抱着知足者常乐的心态，学习就止步于此了，至于那些高级函数、数组公式、VBA 语言则浅尝辄止，数年来技艺也不曾有过精进。所以，对于 Excel 这个"巨人"，充其量我也就是抱到了它的大腿，也不敢抱有突破的幻想。事实上，大多数人都在这个认知的边界线徘徊。

工具能做的事情不完全在于工具本身，更在于使用的人。由于一直游走在认知的边界，受技能的局限，Excel 的使用烦恼时不时地困扰着我。不甘愿做井底之蛙，带着这种烦恼我开始寻找解决的办法，在这个探索的过程中，看到很多工具品牌以"摆脱 Excel 烦恼"为广告来宣传自己的产品，现在想来着实可笑。屏蔽这些利益相关的干扰，我得到了一个诚恳的答案：

Excel 是使用人数较多的数据分析工具，然而，这个世界上的大多数人都是只知其一，不知其二，知道 Excel 却未曾听说过 Excel 还有几大插件：Power Query、Power Pivot、Power View，也不知道什么是 Power BI（如果这是你第一次听到这几个词，那么，此时走过路过可千万不要错过）。

于是，在我的 Excel 知识体系中又多了一个 Power BI，而且是高高在上。至于怎样衡量这个高度，其实方法很简单：当你掌握了这门黑科技，再去阅读那些 Excel 技巧类的文章，思考如何使用 Power BI 来达到相同的效果。虽然这种方法有点挑衅的味道，但是当你感受到同样一个应用场景你会以颠覆般的速度和呈指数级 10 倍、100 倍，甚至 1000 倍的震撼力完成数据分析工作任务时，我保证你会有一种会当凌绝顶、一览众山小的感觉。

有一套学习计算机语言的丛书叫 *Learn XXX the Hard Way*，诚然，学习一门工具可能没有捷径，但选择以什么方式来学将决定你要花多少成本。很多时候选择比努力更重要。我没能朝着传统的方向走学习 Excel 高级公式+VBA 的老路，因为学习的时间成本太高，也可能是因为我个人比较愚笨，知难而退。但幸运的我依然找到了高效解决工作问题的办法，把一些不敢妄想的事情在工作中变成了现实。科技降低了学习成本就好像互联网改变了人类的生活一样。

在过去的几年，从结识 Power BI 到虔诚地追随国外前辈们的博客，从与同事们分享所学到在工作中实践，从创建公众号"Power BI 大师"记录心得到录制视频课程与读者们交流思想，可以说我与 Power BI 共成长，并亲眼目睹了很多利用商业智能淘汰传统技术的真实案例。这一步步的体会让我愈加坚定 Excel 基础+Power BI 是一条踏实的捷径。

牛顿说："如果说我比别人看得更远一些，那是因为我站在了巨人的肩膀上。"没错，谨以此书，献给那些用 Excel 讲故事的人，让更多的人站到 Excel 的肩膀上。

作　者

案例数据说明

实际工作中的数据往往是复杂的，为了能够让读者们一气呵成地通过一个案例快速习得 Power BI 的关键知识，并掌握其精髓，本书特别设计了咖啡店案例。该案例模拟了标准化的咖啡店经营场景，不仅让读者们容易上手学习，也可以让读者结合自己的实际工作场景进行替换练习，比如可以将咖啡店替换成分公司，将咖啡产品替换成企业产品，顾客、订单日期、地域等要素同样适用于任何商业分析领域。

在上手操作前，读者有必要对案例数据有充分的理解，故下面进行统一的说明，当在操作过程中有关于数据文件方面的疑问时，可以翻回到此页查看。

1. 案例数据下载方式：

（1）扫描封底二维码，回复"33324"即可自动获取。

（2）在公众号"PowerBI 大师"中回复"咖啡数据"，即可自动获取。

2. 案例数据包含两个文件夹（见下图）

第 2 章案例"可视化&PowerPivot&DAX"：以"咖啡店案例数据"Excel 文件为基础，逐步实现"Stephen's Coffee Shop"仪表板的搭建。

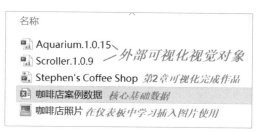

第 3 章案例"PowerQuery 数据查询"：以"PowerQuery 案例演示文件"为基础，让读者学习 Power Query 的常用数据整理功能。

名称

PowerQuery案例演示文件 *基础数据*

PowerQuery *第3章 完成作品参考*

Vlookup表 *用于合并查询的学习*

案例数据2017年7月31日 ＼ *将移入上方第1个*
 案例演示文件 实现
案例数据2017年8月31日 ／ *多文件自动追加汇总*

　　第 4~7 章案例（Power Pivot 数据建模及 DAX 语言学习）：该部分可在第 2 章可视化工作中完成的作品基础上来操作，也可直接打开"Stephen's Coffee Shop"PBI 文件，进行 DAX 公式操作学习。

本书修订说明

　　承蒙读者们的厚爱，本书在市场上获得了很好的反响，更是帮助了数万名学习者成功打开了商业智能的大门。值得一提的是，Power BI 在过去几年里以飞快的迭代速度发展，为了确保书中内容不被淘汰，并能够给新读者们带来更好的阅读体验，我们会不断更新本书内容。

　　在这里，要特别感谢几位热心读者：郭思言、东军、贾博研。在他们的协助下，我们根据收集到的反馈建议对本书做了修订，这主要包括使用最新版本的 Power BI 界面来演示操作步骤、重制图片以提高细节的清晰度等。希望能够更好地完成此书的使命：帮助更多的人从 Excel 升级到商业智能。

目录

事物的本质往往没有那么复杂，就好像浩瀚的宇宙，虽然流星稍纵即逝，但我们可以计算它的速度，虽然我们触摸不到银河系，但可以度量它的大小，这是因为我们掌握了天体运动的原理。同样，如果我们掌握了数据分析原理，就会发现那些所谓的高级分析、转化漏斗分析、全面预算，还有最近比较火的增长黑客 AARRR 模型等，不过是浩瀚的知识体系中原理应用的一个场景。本章会剥去数据分析神秘的"外衣"，以浅显的语言来讲述数据分析原理。

"Logic will get you from A to B. Imagination will take you everywhere."

（逻辑会把你从 A 带到 B，而想象力可以带你去任何地方。）

数据可视化不仅是一门技术，也是一门艺术，同样的数据在不同人的手里，展现的效果会千差万别，掌握这门技能需要我们理解数据并具有想象力。

第 3 章
数据查询：Power Query 67

大多数数据分析师都是用 80% 的时间做基础的数据处理工作，而用不到 20% 的时间做数据分析工作。借助强大的 Power Query 工具，可以解决这个工作时间分配失衡的问题，打造一个工作新常态：用 20% 的时间做数据处理工作，用 80% 的时间做数据分析工作。

第 4 章
数据建模：Power Pivot 与 DAX 语言 120

"如果一件事情，你不能度量它，就不能增长它"。有人说，度量值是 Excel 在 20 年来做得最好的一件事。作为一个数据分析工具，Power Pivot 和 DAX 语言才是 Power BI 的核心和灵魂。

第 5 章
DAX 语言入门：真正的颠覆从这里开始　　　139

DAX 是什么？DAX，Data Analysis Expression，即数据分析表达式。

本书选取了 DAX 公式中的 24 个核心公式，并且根据它们的使用频率由大到小分成了 3 个阶段。其中入门阶段的函数是最常用、核心的部分，攻克它们便可以制作一些小的数据分析模型。

第 6 章
DAX 语言进阶：最简单也是最好用的　　　180

我们可以把 DAX 当作一门语言来学习，也可以把它当作 Excel 公式来看，因为它们非常相似，而且大部分函数都是通用的。这也会让你从传统的 Excel 转到现代的 Power BI 更容易，相对学习成本更低。

初阶函数的学习难度较小，与 Excel 函数很像，可以说是 Excel 函数的扩展。

第 7 章
DAX 语言高阶：进击的数字大厨   209

高阶函数的学习相对前两个阶段要更难，然而有了前两个阶段的学习基础，它们不过是另一个小山头。当你完成了这 3 个阶段共 24 个函数的学习，就好比掌握了太极拳的 24 个精髓招式，将它们组合起来运用自如后，就可以达到以不变应万变的境界。这些函数足以让你应对 80%以上的数据分析需求。

第 1 章

Power BI：让数据飞起来

昨晚我经历了一次新奇的体验，品尝了来自一位出乎意料的厨师烹饪的美味，彻底地震撼了我。虽然在过去我不屑于大师的这句格言："人人都能烹饪"（Anyone can cook），但直到今天我才发觉自己真正领悟了其中的含义，并非任何人都能成为伟大的艺术家，但是伟大的艺术家可能来自任何地方。

——《料理鼠王》

1.1　什么是 Power BI：未来已至

"工欲善其事，必先利其器"。Power BI 与 Excel 以及市面上大多数的数据分析软件一样，都属于分析工具。在正式介绍 Power BI 之前，让我们先畅想一下未来。对一个理想的数据分析工具利器来说，它应该具备怎样的特性？人性化易操作的界面、不需要高级的计算机语言知识、很容易展现自己想要的图表、可以处理海量的数据、价格便宜……你可能会想到很多特性。除此之外，如果你用过 Siri、Cortana 等智能助手（见图 1-1），则可以大胆地想象一下，未来的数据分析会不会也成为一件类似问答的工作？

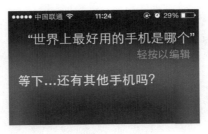

图 1-1

比如想要提问，2019 年 10 月北京空气质量分布如何？北京大学在辽宁省的历史录取平均分是多少？那么有没有可能电脑瞬间就会画出图 1-2 和图 1-3 所示的图表。

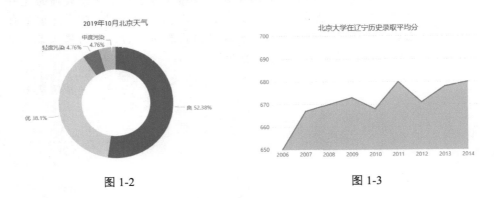

图 1-2　　　　　　　　　　　　　　　　图 1-3

我想这才是理想的数据分析工具——只要提出一个问题，它就能以最快的速度给出我们想要的答案。事实上，Power BI 就已经具有这个功能了：实现人与数据直接对话，以问答的方式获得快速的分析见解，如图 1-4 所示。

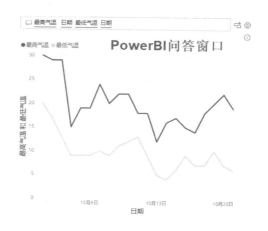

图 1-4

　　试想一下，如果使用 Excel 制作在 2019 年 10 月北京的天气和北京大学在辽宁省的历史录取平均分这两个分析图表，那么你需要对数据源进行加工后再做数据透视表，然后计算出想要展示的指标，并基于透视表来绘制柱形图、折线图等，在此过程中，你会不可避免地将大量的时间花在数据整理、计算、图形设计上。而且，如果我们想要看的数据维度发生了变化怎么办？比如将北京的天气换成上海的天气，将北京大学在辽宁省的历史录取平均分换成清华大学在辽宁省的历史录取平均分，那么岂不是所有的数据处理过程都要重新来一遍？这也是让大多数数据工作者头疼的重复性工作。

　　我相信，类似 Power BI 这种智能问答的互动方式是未来数据分析工具的发展趋势，至少可以说在提出问题与探索答案的过程中，它们会帮助我们最大化地减少探索答案的时间，数据工作者会把越来越少的时间花在数据的采集和处理过程上，而是将更多的时间放在提问题和通过得到的答案来发掘更多的问题上。

　　所以，Power BI 不仅仅是一个工具，也是一个趋势。随着智能技术的发展，数据分析工作的门槛将越来越低，在未来，人人都可以做数据分析师，而且这一天的到来会比想象的要快。

　　在畅想了未来后，现在让我们来系统地学习 Power BI 吧！

　　图 1-5 所示的是微软官网中对 Power BI 的定义，可能你看完之后还是感觉很抽象。其实，Power BI 与 Excel 一样，是一款软件，讲起源头，它还算是 Excel 的儿子，而且是长江后浪推前浪的新生代。

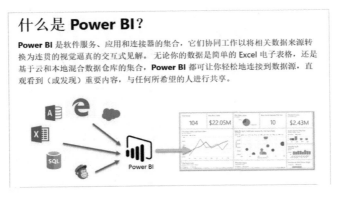

图 1-5

不知道你是否听说过 Excel 中的几大插件: Power Query、Power Pivot、Power View 和 Power Map(Power Query 和 Power Pivot 已经被集成到了 Excel 2016 中,如图 1-6 所示)。而 Power BI 其实就是整合了这几大插件,并加入了社交分享、云服务、智能 等功能。如果之前你没有听过这些插件,那么也没关系,可以把 Power BI 的工作过程 想象成烹饪,这样可以帮助你更好地理解。

图 1-6

所有的数据分析过程都可以被分为 3 个模块,Power BI 的知识体系也是按照这 3 个模块来划分的,即数据查询(Power Query)、数据建模(Power Pivot)和数据可视 化(Power View)。这几个模块的工作过程就好比烹饪过程(其实学习厨艺与学习数 据分析是类似的,它们都是技术与艺术的结合,如图 1-7 所示)。

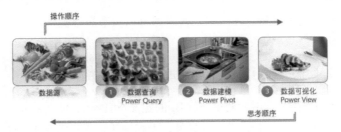

图 1-7

首先来看第一个模块数据查询——Power Query。与数据源直接对接，就像获取新鲜的食材，对食材进行清洗、分类、整理，使其达到准备入锅的使用状态。这一步非常重要，因为如果食材不新鲜，那么再厉害的大厨也不可能做出一道健康的美味，所以好的数据源是成功的一半。

第二个模块是数据建模——Power Pivot。这一步是数据分析过程中最具有技术含量的核心部分。我们把数据组合起来实现不同维度的分析，就像把各种食物组合起来利用烹、炸、煎、炒等方式，再添加油、盐、酱、醋等调料，以烹制出想要的味道。

但是光有味道是不够的，最后我们要呈现给顾客的是一道色、香、味俱全的菜，是否能以视觉效果吸引顾客品尝你的美味，这就要看第三个模块——Power View（数据可视化）的功力了。

这 3 个模块的知识体系是相对独立的，建议大家分别学习。本书会以可视化为起点开启 Power BI 的介绍，原因主要有两个，首先，它是我们思考的起点。通常来说，我们在实践中操作的顺序是从数据源开始，然后整理数据、搭建模型，最后输出可视化报表。但是一名优秀的数据分析师的思考顺序往往是逆向的，即他需要知道读者想要看什么样的信息，明确需要输出的目标，再思考达到这个目标需要什么数据和怎样搭建模型。这就像厨师在烹饪前需要知道顾客想要什么，如果顾客对海鲜过敏，那么我们即使做出再美味的龙虾都是没有意义的。其次，可视化模块相对前两个模块来说技术性偏弱，艺术性较强，所以我想由浅入深，从最简单的部分开始，让读者以最快的速度上手 Power BI，了解它的操作和工作原理。

可能这样的介绍对于仅使用过 Excel 的读者来说还是有些抽象。下面列举一些Power BI 能够帮助我们解决的问题，看看你是否会需要它。大多数人都非常熟悉 Excel，如果你是一个 Excel 重度使用者，那么你也许会遇到下面的问题。

1．有大量重复性的手工整理数据工作

当需要定期从系统中抓取数据，需要对格式做重复性修改（改日期格式、分列、去重、合并等），或者数据量较大，需要处理几十兆字节以上的 Excel 文件和超百万行数据时，Excel 出现了崩溃和卡顿情况；使用多个数据源时，需要通过手工复制并粘贴来合并，或者经常用 Vlookup、Index、Match 等函数把多张表中的数据合并到一张表中。

2．周期性报告的需求多变

经常因月份、产品、渠道、地域等维度的变化导致需要重做报告；需要定期按周、月、季度统计业绩和用仪表板展示数据；向 IT 部门提交的自动获取数据需求开发周期太长或者无法及时满足； 高级数据应用需要懂 VBA 语句或者 SQL 查询语言，学习成本太高。

3．需要用数据可视化来讲故事

Excel 提供的基本图形样式无法满足需求，或者修改坐标、颜色、数据标签等美化图表工作耗时；需要交互式多角度地分析数据；经常分享报告给他人，希望别人在手机或平板电脑上也可以阅读（见图 1-8）。

图 1-8

以上这些痛点其实仅仅是冰山一角，但是我想可能很多读者已经"中枪"了。使用 Power BI 可以轻松地解决上述问题。如果你已经会使用 Excel，那么再掌握了 Power BI，就好比给老虎插了一双翅膀。

从软件的定义上讲，Power BI 属于 BI（商业智能）工具。我是先知道什么是 BI（Business Intelligence），才搜索到了微软的 Power BI 这款产品的，所以 BI 肯定不是一个新概念。从百度百科里的定义来看，商业智能的概念早在 1996 年就被提出来了。关于它的定义也有很多，我最喜欢的一个解释是 **BI=数据×业务**。对于商业分析，数据和业务两者缺一不可，BI 想要实现的事情，就是帮助我们把数据和业务来结合，解决商业问题（见图 1-9）。所以，如何让这两者发挥出强大的力量，取决于你运用 BI 的技能。

图 1-9

进一步来定义 Power BI，它属于自助式商业智能分析软件，与之相对的另一个词是 IT 主导的商业智能分析软件。所谓 IT 主导，就是传统意义上的数据分析功能的开发由企业中的专业 IT 部门和团队来完成，这是 Power BI 在颠覆的另一个领域。

我们知道，分析数据的目的是输出分析决策，从数据到决策要花多少时间和气力，对于这个问题相信有很多人深有体会。对于业务分析人员，在由数据转化到决策的过程中，其面临的最大瓶颈就是数据。首先，你可能连查看数据的权限都没有；其次，即使你有了数据，如何实现复杂的计算？没有计算机编程语言的功底，最后凡事都要求助于 IT 部门，这个掌控权自然就落在了 IT 部门的手中。然而要求助于 IT 部门，你就要提需求，其中面临的问题是开发周期长、审批流程慢、业务与 IT 部门之间的沟通成本高。效率低的原因很简单，因为你不是 IT 部门的人。求人不如求己，试想一下，如果你的数据分析需求可以自己完成，IT 部门仅作为原始数据的提供者，那么一切过往障碍都将成为浮云。

在过去的几年里，BI 分析平台市场从以 IT 部门为主导转变为自助式服务分析。

自助式 BI 商务智能是 IT 傻瓜化和数据分析的完美结合，它使得不懂编程语言但具备数据分析能力和商业直觉的分析人员能够便捷而快速地提取、清理、整合各种数据源，并创建复杂动态图形和仪表。在各种商务智能平台出现之前，这些都只能借助于复杂的 SQL 脚本或者 SAS 这类专业的数据分析工具才能实现。

　　"组织中的大多数业务用户和分析人员将可以使用自助服务工具来准备数据以进行分析，作为部署现代 BI 平台的一部分。"

——全球顶级 IT 咨询公司 Gartner（见图 1-10）的预测

Gartner

Gartner 魔力象限认为 Microsoft 是商业智能和分析领域的领先者。

图 1-10

毫无疑问，Power BI 有着广阔的前景。但对一个初学者来说，他们肯定会问这些问题：学习 Power BI 有多难？对于这个问题，我也想分享一下自己的看法。我见过很多 Excel 的牛人，但极少有人称自己为"专家"，原因是 Excel 的知识体系非常庞大，可能要精通 VBA、数组公式、高级函数等才可以接近"专家"。

微软的 Power BI 是由积累了数十年经验的团队打造出来的产品，其知识体系上接人工智能、机器学习到企业级部署，下接数百种数据源进行建模分析，相比 Excel 有过之而无不及，即便是对于专业的数据科学家而言也有很大的学习空间。所以 Power BI 是学习起点非常低，但其知识的广度与深度却是人们无法想象的。但是用户的学习付出与回报是成正比的，花上一天时间了解它的基础功能可能会给你的工作效率带来指数级的增长，花上一个月的时间来钻研建模语言可能会颠覆你的工作甚至生活。不论你是从事财务、人力、营销行业还是生产行业，不论你是分析师、业务人员、IT 人员还是 CEO、CFO、CIO，了解和学习 Power BI 都会获得相应的好处。

我与大多数读者一样，并非 IT 出身，更多的知识领域是在商业和管理，"专家"这个词对我来说是遥不可及，而且那也不是我学习的目标。Power BI 是一个工具，我们的目标是借助工具和自己的分析能力把业务知识和数据整合起来，输出对业务有价值、有影响力的建设性决策。真正的数据大师并不意味着要在某个软件或者某种语言的使用上登峰造极，而是掌握工具的价值精髓，在知识的交叉领域物尽其用，运筹帷幄，用智慧来点亮数据。所以，学得多深不是最重要的，最重要的是你能否把仅有的所学知识最大化地发挥到实践工作中。

1.2　从 Excel 到 Power BI 的 5 个理由

关于为什么学习 Power BI，理由实在是太多了：它是 Excel 在 20 年来最好的发明，具有炫酷的可视化功能、空前丰富的数据源、亿级运算能力……其实可以写上 50 个理由。我不想强调 Power BI 有多么强大，而是想有针对性地讲讲 Excel BI 与 Power BI 的区别。如果你是刚刚入门，使用的工具是 Excel 中的 Power 插件，而不是 Power BI，那么可以用 5 个理由来说服你使用 Power BI。（如图 1-11 和图 1-12 所示，在 Excel 中通过 COM 加载项可以启动 Power 系列插件，并且在 Excel 2016 中已经嵌入了 Power Query、Power Map 插件。）

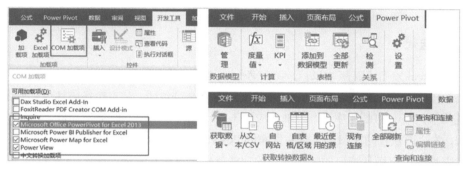

图 1-11　　　　　　　　　　　　　　　　图 1-12

用户从一个工具到另一个工具的转换都需要时间，正如用户从 QQ 转到微信也不是一朝一夕的事情，从胶片到数码照相机也要有一个过程。对于 Power BI，我在一开始也是拒绝的，只是因为习惯于 Excel 并且不想花时间去了解一个新的东西，而且自以为它与 Excel 基本相同，选择其一就可以。现在看来，这真是一个墨守成规的想法，至少在这个时代已经不允许我这样思考问题了。

1. 免费的午餐

有一个免费的工具能够帮助我们解决工作中的问题，还有什么比这个更让人心动的？在一家"世界五百强"外企工作的"好处"是公司会给你安装好正版的 Office。然而高昂的软件升级成本往往会造成软件版本升级滞后，甚至有一些大型的公司还在用 Office 2007……想拥有新版本软件，要么需要申请预算，要么需要使用一些歪门邪道的功夫搞破解。对于 Power BI，你完全不用担心这个，到微软官网上下载 Power BI 桌面版文件即可，相比 Office，无论是成本还是安装速度，这第一步的体验非常好（见图 1-13 和图 1-14）。谁说天下没有免费的午餐？

图 1-13　　　　　　　　　　　　　　　　　　　图 1-14

2．迭代

当 Excel 发布了新版本以后，我会第一时间搜索其增加了什么新功能，然而 Excel 时隔数年会有重大更新。而 Power BI 的更新速度是可怕的，具有市场破坏性，在过去的几年里，Power BI 几乎每个月都要应接不暇地发布让用户心跳的新功能。不知不觉之间，关注微软官网在每个月月初发布的 Power BI 新功能已经成为我的头等大事，因为我害怕说不定微软推出的哪个神奇的功能就把自己现在掌握的技术给淘汰了（见图 1-15）。

图 1-15

就以现有的智能问答功能来讲，如果哪一天它升级到你只要对着电脑喊："我想要计算某产品销售额的月环比增长率，请把数据按城市汇总生成一张报表，告诉我客户流失率排在前 10 名的城市并制作成条形图"，电脑就能自动把这些结果呈现出来……那么还学习 Excel 干什么？

千万不要小看软件的功能迭代，它的影响力可能是具有颠覆性的。就好比现在很多人在学习数组公式技巧，甚至通过 VBA 代码来实现 Vlookup 函数的多条件查询功能，如果 Excel 的新版本中推出了一个可以实现多条件的 Vlookups 公式呢？那么你的那些技巧瞬间就落伍了。顺便提一下，在 Power BI 中已经有了实现多条件查询功能的公式，即第 5 章介绍的 Lookupvalue 函数。

写 Power BI 的书其实是一件有风险的事情，因为从写作完成到出版的过程中，有些内容可能会过时。Power BI 的迭代速度如此之快，以致传统的媒介可能无法承载知识的及时传播。本书尽可能地选取了那些短时间不会改变的核心知识点，比如重点讲解的 DAX 语言、基本函数是不会变的。对于其他更新的功能，读者可以关注相关微信公众号、知乎等媒体渠道获取信息，并且通过微软官网的介绍很快就可以上手。

3．有时候外表也很重要

如果让我给 Power BI 的各个模块进行价值分配，那么我的答案是：可视化模块 10 分，数据查询整理模块 20 分，建模分析模块 70 分。毕竟企业是利用数据化运营来实现业绩增长的，不是看图表做得多么好看，而是在于如何敏捷地发现数字背后的意义。但是，在这个"以貌取人"的年代，偶尔给领导展现一张让其刮目相看的图表可能会让你的升职加薪来得更快。

很多人第一次认识 Power BI 是通过它炫酷的可视化图表。虽然也有很多人说 Power BI 的可视化功能相比 Tableau 有一定的差距，但是对我来说，从 Excel 到 Power BI 可视化功能已经有了一个不可奢求的飞跃。

图 1-16 是我在几年前做过的一张图表。

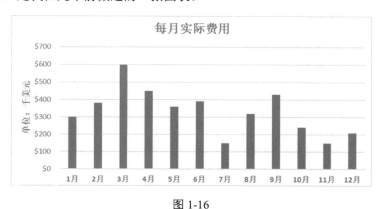

图 1-16

现在利用 Power BI 几秒就可以将其做成如图 1-17 和图 1-18 所示的样子（这个图在 Power BI 软件中是动态变换的）。

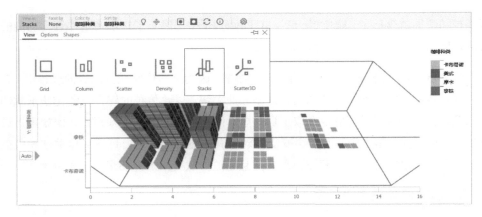

图 1-17

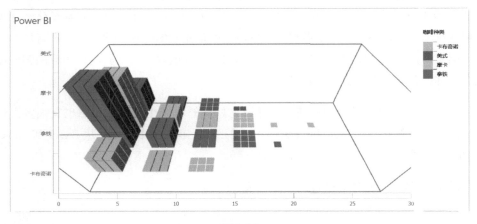

图 1-18

4．细节决定成败

当你从 Excel 中的 Power Pivot 转换到 Power BI 来进行建模分析时，就再也不想回到 Excel 时代了。其实 Excel 的 Power Pivot 插件不是新产品，早在 2009 年，Power Pivot 就上市了，虽然其拥有颠覆传统 Excel 的计算能力，但是在过去的 8 年里一直不温不火，我觉得这与它的用户体验不无关系。

Excel 是一只老虎，给老虎插上了一双翅膀不见得有 Power BI 这只雄鹰飞得高。对 Power BI 上手后，你会感觉它更像一款互联网产品，事实上，微软也是以这种态度来打造它的，从用户在社区的反馈、投票，产品的功能迭代中，都可以看到这家巨头公司在转型，在听取顾客的声音。无论是稳定性、界面的交互设计，还是书写 DAX

公式的流畅感，你都会感到 Power BI 比 Excel 具有更好的用户体验，这也是为什么本书选择 Power BI 作为教学软件。

5．It is the Future（未来趋势）

再来看看全球专业的 IT 研究与顾问咨询公司 Gartner 对它的评价。下面是来自该公司于 2019 年发布的行业分析报告。如图 1-19 所示，这个图叫作魔力象限图，它通常从两个方面来评价产品：纵轴（执行力）和横轴（前景）。在过去的几年里，微软杀出重围，一跃成为 BI 厂商领导者。注意，这里显示的微软的 BI 产品，确切地讲是 Power BI，而不是 Excel 中的插件。

图 1-19

Excel BI 与 Power BI 的知识体系是相通的，也就是说，你掌握了其中一个就可以很容易地切换。虽然目前 Power BI 相比 Excel 来说，其使用人群属于小众，不过我相信每一位尝试了 Power BI 的用户都会尝到甜头。

1.3　数据分析原理：其实很简单

在开启 3 个数据分析模块的具体学习之前，我特别加入这一节作为铺垫，因为我看到很多读者在学习 Power BI、Excel 等各种数据分析工具时，对公式、模块都掌握了，但一投入到实际工作中，面对数据时，还是一片茫然，无从下手。所以我想通过对数据分析原理的讲解，让读者重新认识数据，学会怎样思考，为读者的 Power BI 学习之旅打下坚实的基础。

提起数据分析，许多人可能会想到统计学、编程语言、大数据，甚至时下流行的机器学习等高门槛词汇，这些会让非 IT 领域的从业者望而却步。然而随着企业的壮大和精益化管理的需求，无论你是从事财务、人力资源管理、营销、运营还是生产制造等工作，都将有越来越多的机会与数据打交道。数据分析工作不再是一个难以触及的职业，而是成为这个时代管理者必备的一项技能，所以我们要掌握这项技能。

其实事物的本质往往没有那么复杂，就好像浩瀚的宇宙，虽然流星稍纵即逝，但我们可以计算它的速度，虽然我们触摸不到银河系，但可以度量它的大小，这是因为我们掌握了天体运动的原理。同样，如果我们掌握了数据分析原理，就会发现那些所谓的高级分析、转化漏斗分析、全面预算，还有最近比较火的增长黑客 AARRR 模型等，不过是浩瀚的知识体系中原理应用的一个场景而已。本节会剥去数据分析神秘的外衣，以最浅显的语言来讲述数据分析原理。

首先我们需要弄清楚什么是数据？关于它的定义和概念五花八门，我最喜欢的一个说法来自 2016 年微软 Power BI 峰会的一位大师，他的见解是："Data is measurement of something.（数据是某类事物的度量值。）" 这个定义中有两个部分：类别和度量值。

举一个简单的例子：3 块大白兔奶糖的价格是 1 元，1 块费列罗巧克力的价格是 4.5 元。从这个数据信息中我们可以提取出类别是大白兔和费列罗，而度量值是它们的数量和价格。我非常喜欢这个定义，因为无论是大数据还是小数据，都可以拿过来把它拆解成两部分（见图 1-20）。

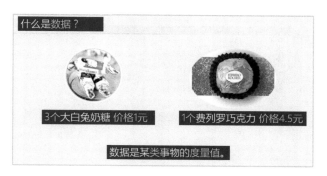

图 1-20

什么是数据分析呢？这个也不难理解，下面讲一个小故事。假如，你的姥姥给了你一块糖，你感到非常开心，但是你会做数据分析，你发现她给了弟弟两块糖，你可能会有些失落。所以说，数据只有放在一起比较才有意义。后来，你发现姥姥给弟弟的两块糖是大白兔奶糖，给你的一块糖是费列罗巧克力，你又开心了，因为费列罗巧克力的价格更贵。所以，数据在比较之前要有明确的分类。而所有的这些分析都是为了回答一个问题：姥姥对谁更好（见图 1-21）？

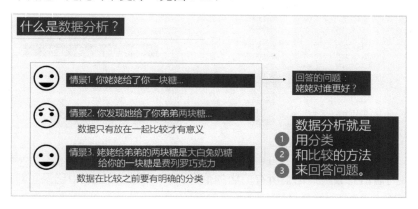

图 1-21

通过这个小故事可以说明，数据分析就是用分类和比较的方法来回答问题。纸上得来终觉浅，绝知此事要躬行，下面就用本书的案例数据进行验证。

案例数据是 6 张 Excel 表，先来浏览一下这几张表的内容。

（1）销售数据表——记录咖啡店里每张订单的数据信息，日期从 2015 年 1 月 1 日到 2016 年 12 月 31 日，共有 2.7 万多行数据，如图 1-22 所示。

▲	A	B	C	D	E	F	G	H
1	订单编号	订单日期	门店	产品ID	顾客ID	数量		
2	20000001	2015/1/26	北京市	3001	177	3		
3	20000002	2015/1/27	北京市	3002	126	4		
4	20000003	2015/1/29	北京市	3003	159	1		
5	20000004	2015/1/30	北京市	3002	199	2		
6	20000005	2015/2/6	北京市	3001	179	1		
7	20000006	2015/2/10	北京市	3001	157	4		
8	20000007	2015/2/11	北京市	3003	132	2		
9	20000008	2015/2/13	北京市	3002	101	2		
10	20000009	2015/2/13	北京市	3001	147	3		
11	20000010	2015/2/13	北京市	3002	113	1		
12	20000011	2015/2/28	北京市	3003	191	2		
13	20000012	2015/3/4	北京市	3002	132	1		
14	20000013	2015/3/6	嘉兴市	3002	271	4		
15	20000014	2015/3/9	嘉兴市	3003	232	1		
16	20000015	2015/3/9	北京市	3003	249	3		
17	20000016	2015/3/9	北京市	3003	183	1		
18	20000017	2015/3/10	嘉兴市	3001	236	1		
19	20000018	2015/3/10	北京市	3003	111	1		
20	20000019	2015/3/10	北京市	3002	107	1		
21	20000020	2015/3/10	北京市	3002	145	3		
22	20000021	2015/3/12	嘉兴市	3002	207	3		

销售数据表　产品表　顾客信息表　门店信息表　日历表　财务费用汇总表

图 1-22

（2）产品表——记录咖啡种类、杯型、产品名称和价格，如图 1-23 所示。

（3）顾客信息表——记录每位顾客的最基本信息，如图 1-24 所示。

▲	A	B	C	D	E
1	产品ID	咖啡种类	杯型	产品名称	价格
2	3001	美式	大	美式大杯	32
3	3002	美式	中	美式中杯	29
4	3003	美式	小	美式小杯	24
5	3004	拿铁	大	拿铁大杯	35
6	3005	拿铁	中	拿铁中杯	33
7	3006	拿铁	小	拿铁小杯	31
8	3007	摩卡	大	摩卡大杯	35
9	3008	摩卡	中	摩卡中杯	33
10	3009	摩卡	小	摩卡小杯	31
11	3010	卡布奇诺	大	卡布奇诺	36
12	3011	卡布奇诺	中	卡布奇诺	34
13	3012	卡布奇诺	小	卡布奇诺	32

图 1-23

▲	A	B	C
1	顾客ID	年龄阶层	性别
2	177	青年	男
3	126	少年	女
4	159	青年	男
5	199	青年	女
6	179	中年	女
7	157	中年	男

图 1-24

（4）门店信息表——记录所有门店的信息（共 53 家），该表中记录了对应店长的姓名和年龄，如图 1-25 所示。

（5）日历表——这是一张标准的日历表，记录从 2015 年 1 月 1 日到 2016 年 12 月 31 日每一天的年份季度、年份月份、星期信息，如图 1-26 所示。

（6）财务费用汇总表——记录每家门店自开业之日起，财务月份的费用支出情况，如图 1-27 所示。

	A	B	C
1	门店	姓名	年龄
2	北京市	张三	28
3	嘉兴市	李四	39
4	杭州市	刘一	45
5	南京市	陈二	24
6	常州市	王五	29
7	南通市	赵六	30
8	泰兴市	孙七	32
9	诸暨市	周八	40
10	天津市	吴九	38
11	石家庄市	郑十	39
12	镇江市	张三	28
13	呼和浩特	李四	39
14	苏州市	刘一	45

图 1-25

	A	B	C	D	E	F	G	H
1	日期	年	月	日	季度	年份季度	年份月份	星期
2	2015/1/1	2015	1	1	1	2015Q1	2015-01	星期四
3	2015/1/2	2015	1	2	1	2015Q1	2015-01	星期五
4	2015/1/3	2015	1	3	1	2015Q1	2015-01	星期六
5	2015/1/4	2015	1	4	1	2015Q1	2015-01	星期日
6	2015/1/5	2015	1	5	1	2015Q1	2015-01	星期一
7	2015/1/6	2015	1	6	1	2015Q1	2015-01	星期二
8	2015/1/7	2015	1	7	1	2015Q1	2015-01	星期三
9	2015/1/8	2015	1	8	1	2015Q1	2015-01	星期四
10	2015/1/9	2015	1	9	1	2015Q1	2015-01	星期五
11	2015/1/10	2015	1	10	1	2015Q1	2015-01	星期六
12	2015/1/11	2015	1	11	1	2015Q1	2015-01	星期日
13	2015/1/12	2015	1	12	1	2015Q1	2015-01	星期一

图 1-26

	A	B	C	D
1	门店	财务日期	科目	支出
2	安庆市	2016/10/1	材料	190
3	安庆市	2016/10/1	租金	888
4	安庆市	2016/10/1	资产	100
5	安庆市	2016/10/1	管理	177
6	安庆市	2016/10/1	人力	337
7	安庆市	2016/10/1	水电	385
8	安庆市	2016/10/1	营销	379
9	安庆市	2016/12/1	材料	149

图 1-27

下面就以这 6 张表举例说明。按照数据分析的定义的第一步：分类。首先要从这 6 张表中提取出类别信息。这就类似当你描述一件事情时一般要先讲时间、地点、人物这些属性类的信息，如图 1-28 所示。

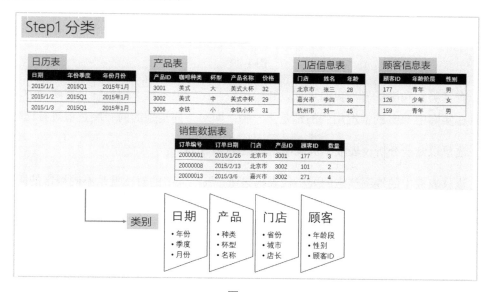

图 1-28

在这一步，我们可以整理出日期、产品、门店、顾客这些类别。类别也可以被叫作维度，也就是我们通常所说的结合不同的维度做分析。对于大的类别，我们还可以进一步划分，例如日期分为年份、季度、月份，产品分为种类、杯型、名称，门店分为省份、城市、店长等。

有了类别，我们还不能做比较，因为拿铁咖啡与美式咖啡是不能直接比较的，能比较的是它们的数量和价格。所以我们要先建立度量值。度量值就是我们做数据分析时经常说的指标，它可以是绝对值，例如销售量、销售额、门店数量、顾客数量等，也可以是相对值，例如环比增长率、销售量占比等，如图 1-29 所示。

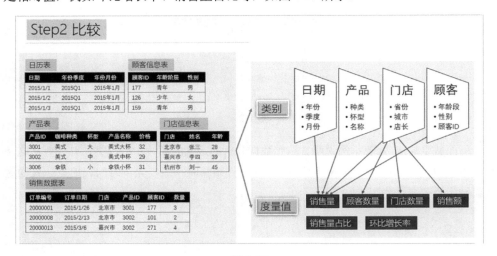

图 1-29

有了类别和度量值，我们才可以开始比较。比较也不难，因为它只有两种方法，而且在实际中 99%的情况用到的都是第一种，即对不同类别的同一度量值进行比较。

这里以商业分析仪表板举例说明，如图 1-30 所示。

该仪表板中的地图气泡的大小代表销售量，气泡大小的对比就是不同城市的同一度量值"销售量"的比较。再看销售业绩图中销售量随时间的变化趋势，这是不同日期类别的销售量比较，矩形的高低代表不同咖啡种类的销售量。右边的三幅图也一样，代表不同年龄段、不同店长、鱼缸中不同客户的销售量比较。

所以说 99%的比较都属于第一种：不同类别的同一度量值的比较。而另外 1%的情况我们也可能会遇到：同一类别不同度量值的比较。比如，分析顾客数量与门店数

量的关系，销售额增长与门店数量的关系。也就是说，当我们需要分析度量值之间的
关系时，可能会使用到同一类别不同度量值的比较。

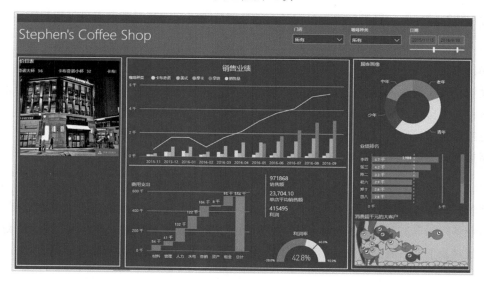

图 1-30

　　掌握了这两种比较方法，你就掌握了数据分析的核心部分。因为所有的比较都是
按照这两种方式进行的，所有的图表也都是按照这两种方式展现的。

　　数据分析的最后一步是回答问题，对于商业分析，我们通常要回答的问题有 3 个：
What（问题是什么）、Why（为什么）和 How（如何解决），如图 1-31 所示。

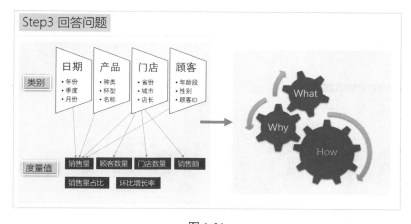

图 1-31

What 是要回答现状和预测未来是什么？比如，在看到图 1-31 所示的销售业绩的折线图与柱形图时，需要回答的问题有：2015 年到 2016 年的销售业绩如何？哪种咖啡的销售量最高？按照趋势判断未来 3 个月此种咖啡的销售量是否会持续增长？

通过对现状的分析，自然会引出问题（Why），比如为什么拿铁咖啡的销售量从 2016 年 5 月一路上涨？这个时候需要进一步筛选，针对拿铁咖啡的销售量进行分析，我们看到在消费人群中，青年人的占比部分高，这又是为什么呢？可以再挖掘青年消费者都来自哪些城市，他们的消费水平如何？对于回答 Why 的问题，你需要具有一定的业务知识积累，比如你可能知道拿铁咖啡的热卖是因为在做"买一赠一"的活动，而且这些活动又主要在青年人居多的地方举行等原因。

What 和 Why 的问题循环，最后推出的结论是要回答 How（如何解决），基于对现状的理解和原因分析，我们应该采取什么措施？How 是对管理层提建设性的意见，对业务输出具有影响力的价值。数据分析的价值就在这一问一答之间体现了出来。这也就是我们经常听到的数据驱动决策、数据驱动增长、数据驱动未来。

现在让我们整体看一下数据分析的过程：从获取数据到分清类别和度量值，再做组合比较，最后回答问题。不难发现，Power BI 的设计和工作原理也是遵循这样一个流程和思想。整个过程就好比烹饪，如图 1-32 所示。

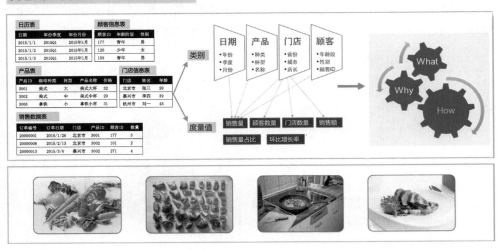

图 1-32

如果把数据分析比作烹饪的过程，那么 Power BI 作为一个工具对使用者来说是什么呢？

我们知道做一道美味需要几个关键的要素，即新鲜的食材、高超的厨艺，还有先进的厨房工具，如图 1-33 所示。

工具可以让我们高效地解决烹饪问题。但是它也有局限性，即解决不了食材和厨艺的问题。我们使用 Power BI 做数据分析，就好像在一间智能厨房里做菜，厨房工具是 Power BI，食材是数据源，厨艺就是我们分析数据的思维，一位好的数据分析师不仅要精通工具的使用，更要有清晰的思维。

图 1-33

我认识很多精通各种数据分析工具的专家，他们精通 Excel 和各种编程语言，可以不用鼠标就能完成各种图表的绘制，然而能回答这些数据对业务价值提升能力的人却是寥寥无几。这是因为他们专注于工具的使用，而忽略了修炼数据分析思维。

谈到数据分析思维，让我们再回顾一下数据分析的全过程，看一下它的价值金字塔结构，如图 1-34 所示。

从获取数据开始，到分类比较，再到回答问题，走向塔尖的过程也是数据分析不断增值的过程。最具有价值的环节在塔尖，它也是最重要的，即我们要弄清楚回答的问题是什么。

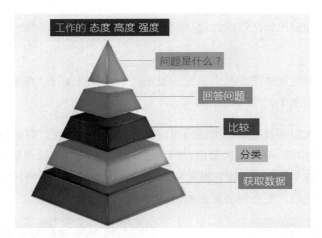

图 1-34

爱因斯坦曾经说过图 1-35 所示的一段话。

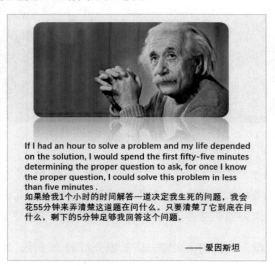

图 1-35

可见，弄清楚问题是什么才是数据分析的关键。

在做数据分析时，问题会决定你工作的态度：你的分析是仅仅回答了过去一年的销售业绩如何，还是回答了 Why（为什么）和 How（如何解决）。要带着打破砂锅问到底的精神去提问，例如，为什么拿铁咖啡产品的销售量上涨？哪些城市的拿铁咖啡的销售量上涨了？对于没有上线拿铁咖啡的城市，有没有必要主推该产品？

　　问题也决定了你的高度，即你的分析能否解释为什么拿铁咖啡的销售量会逐月增长 10%，以及如何才能达到 20% 的增长？

　　问题还决定了你工作的强度，如果你想要知道拿铁咖啡的销售量为什么上涨，就要挖掘拿铁咖啡的销售量数据；如果你想要知道哪些城市的利润率高，就要计算利润率数据，每一个问题的后面都意味着你需要花时间成本去找答案。

　　总之，问题至关重要。探索数据价值是一个上下求索的过程，在你越走越远的时候，不妨回过头来重新审视自己努力的方向。当我们没有得到正确的答案时，可能是因为我们弄错了问题。

　　关于数据分析原理的讲解就到这里，请一定记住这条结论：**数据分析是用分类和比较的方法来回答问题。**

第 2 章

Power BI 初体验及数据可视化

　　金牌选手不会从天而降，你必须用热爱、刻苦和投入来浇灌他们。

——《摔跤吧！爸爸》

2.1　什么是数据可视化：视觉盛宴的开始

在本章开始先探讨一个问题：什么是数据可视化？关于数据可视化的定义有很多，其实简单理解它就是**数字与图像的结合**。商业数据分析是基于数字的分析，因为数字可以精准地衡量一个事物。另一方面，我们需要意识到，人其实是视觉动物，对图像的理解能力远远大于数字或者文字。举一个例子，曾有一个非常火的截图（见图 2-1），北京市三里河地区销售的一套 66 平方米的住宅，成交单价为每平方米 134849 元。

这个数字配上图片表达的信息是意味深长的，数字与图像的结合不仅可以精准地表达一个事物，而且还能达到非常震撼的视觉冲击力，正因为如此，我们才需要利用数字与图像来传达重要的信息。

图 2-1

下面再来看一个实际应用案例。假设我们在全国经营一家连锁的咖啡店，目前开设了 20 家分店，未来还要再开 20 家分店，那么该怎样描述这个信息？

第一种方法，可以列一张分店的清单，标记哪些是老店，哪些是新店。第二种方法：可以在一张地图上标出分店的位置，灰黑色区域代表老店，黄色区域代表新店。显而易见，第二种方法可以让我们在几秒钟的时间迅速理解地图传达的信息：分店采用由北向南的扩张战略。这个例子让我们感受到了数据可视化的魅力。

本节所介绍的可视化学习方法就像烹饪一道菜，这道菜就是在第 1 章曾展示过的咖啡店商业分析仪表板。下面这幅仪表板图也是在第 1 章中完成后的最终界面，而且最后的输出结果会是一个网页版的链接。生成这个链接不需要有任何权限，完成这个作品后，你可以生成链接并发给任何人，让其他人以网页的形式来打开，如图 2-2 所示。

图 2-2

这张仪表板大概可以分为几部分：左上角为一个滚动价目表，左下角为按咖啡种类和杯型显示的销售额构成；中间的销售业绩展现了随时间变化各种类咖啡销售量的变化，下半部分是财务费用支出的瀑布图以及主要指标、利润率完成情况；右边是顾客画像环形图，其中显示了老年、青年、中年、少年等人群分布，水平条形图显示了各门店经理的业绩排名，右下角的鱼缸代表了消费额超过千元的大客户有哪些。整张图表可以做交互式分析，比如单击"青年顾客"图表，其他图表就会对应显示青年顾客的数据，选择鱼缸里的某一个客户，地图会锁定这个客户来自哪个城市。在仪表板的右上方有几个筛选器可以供我们选择。如果想知道北京市分店的业绩情况，或者拿铁咖啡的销售数据，则可以利用筛选器完成。日期可以通过滑块进行调整，或者通过上方的日历选择框中选择想要的时间区间。

　　在明确了本章的任务后，下面将以 Excel 的案例源文件中的 6 张表开始，从获取数据开始，到数据建模，最后输出可视化图表，把 Power Query、Power Pivot、Power View 整个介绍一遍。实战一次胜过读书百遍，通过上手实践，你将全面了解 Power BI 的工作原理和大部分图表的制作方法。也希望你能打开电脑，跟着本书的介绍一起来操作。

2.2　数据查询初体验：把数据装到"碗"里

　　注意，在开始学习操作之前，请一定要阅读 1.3 节的数据分析原理，其中对案例数据源的详细拆分讲解会帮助你更好地上手。

　　Power BI 不同于 Excel，它是微软以互联网思维打造的一款产品，微软每个月都会对它迭代更新，建议大家及时到官网 https://Power BI.microsoft.com 中下载最新的版本，以体验其新奇的炫酷功能，如图 2-3 所示。

图 2-3

　　首先，打开 Power BI，如图 2-4 所示。

图 2-4

进入 Power BI 的主界面，你会看到它的界面相比 Office 更清新、简洁，其中没有臃肿的功能，非常容易理解：一张白布画板居中，上方有几个选项卡，可以执行我们常用的功能，"开始"选项卡中常用的选项有获取数据，编辑查询，插入文本框、图像、形状，共享等。"视图"选项卡的作用是调整视图效果，在使用 Power Pivot 数据建模时会用到"建模"选项卡，如图 2-5 所示。

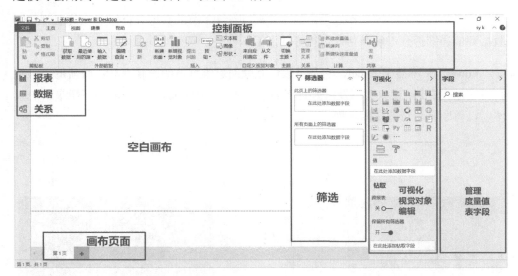

图 2-5

Power BI 主界面的左边侧栏中有 3 种视图模式：报表、数据、关系，右侧还有可视化、筛选和管理字段的操作面板。"可视化"模板中提供了柱形图、折线图、饼图等大部分我们常用的图表样式，单击即可添加。相比 Excel，Power BI 大大提高了做图的效率。

现在就开始从案例数据入手，我们的案例数据 Excel 文件中有 6 张表，首先使用

Power BI 的第一个模块是 Power Query——让数据快到碗里来。选择"主页"选项卡中的"获取数据"命令，Power BI 支持多种数据源格式，包括 Excel、数据库、网页等，单击"更多"按钮可以看到它与市面上大部分的数据库供应商都实现了对接，如图 2-6 所示。

图 2-6

因为本案例数据文件格式为 XLS，所以单击"Excel"选项，在打开的对话框中单击"文件"选项，可以查询到该 Excel 文件中的全部 6 张表，如图 2-7 所示。

把这 6 张表全部勾选后单击"编辑"按钮，进入查询编辑器 Power Query 中。在查询编辑器中可以对数据进行格式的修改和整理，Power BI 提供了比 Excel 更全面、更方便的数据处理功能，包括替换、填充、拆分等，并且你对数据的每一步操作都可以记录在右侧的步骤面板中，它像一台自动化机器，可以帮助我们处理重复性的工作，如图 2-8 所示。

图 2-7

图 2-8

Power Query 是一个独立的模块。关于它的应用场景非常多，因为本节是介绍可视化模块及上手操作整个 Power BI 软件，Power Query 的具体功能在这里就不多说了。

2.3　数据建模和度量值：Excel 在 20 年来做的最好的事情

在 Power Query 编辑查询器中操作完毕后，单击"关闭并应用"按钮（见图 2-9），这 6 张表就被完整地装到"碗"里了。界面右侧的"字段"模块中会出现这 6 张表，可以展开看到每张表具体的字段，如图 2-10 所示。

图 2-9

图 2-10

单击左侧的切换视图模式按钮可以以不同的模式查看加载的数据，如图 2-11 所示。

图 2-11

值得一提的是，初学者要记住 Power Query 和 Power Pivot 是两个独立的模块。Power Query 编辑查询器帮助我们完成了数据源整理工作，在你关闭并应用操作后，结果就被存储在了编辑查询器中，接下来使用 Power Pivot 建模和可视化的操作一般不会影响到 Power Query。

第三种视图模式是关系视图。什么是关系？在这部分我们会具体讲解。在关系视图中的工作就是核心环节：Power BI 的第二个模块 Power Pivot——数据建模。不要被这个词吓到，其实很简单，首先我们要识别数据表之间的关系。

表的分类一般有两种，图 2-12 中上方的 4 张表（日历表、门店信息表、产品表、顾客信息表）被叫作 Lookup 表，又被叫作维度表，它们的主要特点是包含类别属性信息，数据量较小，包括例如日期、门店名称、产品 ID、顾客 ID 这些不重复的唯一字段（比如在门店信息表中，门店列中只有一个"北京市"，无重复项目）。不难理解，把此类表叫作 Lookup 表，是因为在 Excel 中我们经常把它们当 Vlookup 函数中的目标查询表来使用。

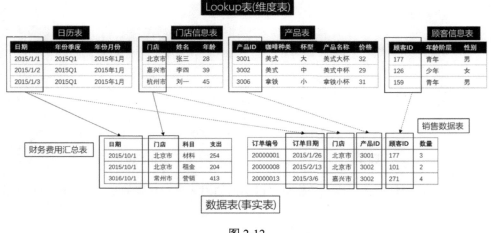

图 2-12

图 2-12 中下方的两张表被叫作数据表，又被叫作事实表，它们的特点是有数字内容，能够提取出度量值信息，数据量较大，在 Lookup 表中的类别信息，如日期、门店、顾客等，在数据表中往往是重复出现的。

基于对图 2-12 所示的这 6 张表的理解，不难找出每张 Lookup 表与数据表对应的关联字段，即日期、门店、产品 ID、顾客 ID，这几张 Lookup 表与数据表之间的关系叫作一对多关系，即 Lookup 表是"一"的一端，数据表是"多"的一端。

下面在 Power BI 的关系视图中创建关系。按照设计的布局将 4 张 Lookup 表放在上面，将两张数据表放在下面。你会发现 Power BI 有自动识别的功能，导入这些表到关系视图后，它会自动关联好一些字段，如图 2-13 所示。

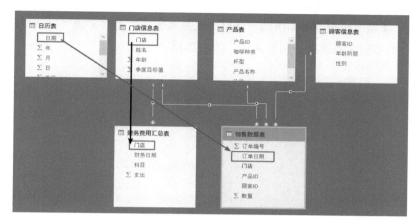

图 2-13

下面继续为未关联的字段建立关系。具体有两种方法：第一种是最简单的方法，例如，将日历表中的"日期"字段与销售数据表中的"订单日期"字段建立关系，只需要将日历表中的"日期"字段拖曳到销售数据表中的"订单日期"字段上，一对多的关系即可生成。当字段较多且使用第一种操作不便时，还可以用第二种方法，即选择"主页"选项卡下的"管理关系"命令，此时会看到所有表之间的关系，如图 2-14所示。

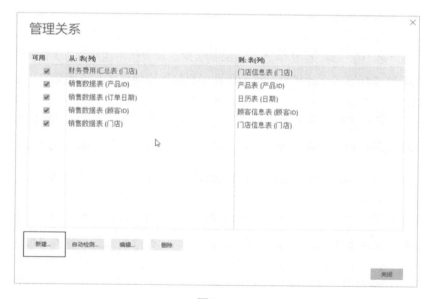

图 2-14

单击"新建"按钮，在弹出的对话框中选择两张表的关联字段"日期"和"财务日期"，一对多的关系就被识别出来了，如图 2-15 所示。

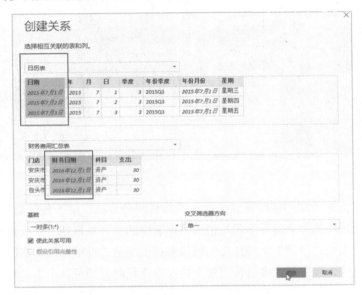

图 2-15

在最后的关系视图结果中会看到，Lookup 表中被标记为"1"的一端，在对应的数据表中被标记为"*"，即"多"的一端，数据就好像水流一样顺流而下，由"一"的一端流入"多"的一端。在初学 Power BI 时，建议读者使用这种以 Lookup 表在上、数据表在下的布局方式设计模型，这会帮助你更好地理解模型，也避免犯错误。初学者经常犯的一个错误就是看见相同的字段就去建立关联，这是非常不好的习惯，尤其不要在 Lookup 表之间横向地建立关联，比如将门店信息表中店长的"年龄"字段与顾客信息表中顾客的"年龄"关联起来，这两者是没有任何关联的，如图 2-16 所示。

关系模型建好后，下面创建一张数据透视表。Power BI 的矩阵表类似 Excel 的数据透视表。在 Power BI 的界面中，单击"矩阵表"图形就可以插入矩阵表。其中行使用日历表中的"年份季度"字段，列使用产品表中的"咖啡种类"字段。与 Excel 的透视表一样，矩阵表中提供了几个常用的计算方式，把"数量"列放入"值"选项栏中并选择求和，一张标准的数据透视表就生成了。此外，还可以通过选择"格式"选项对该表进行全面的格式编辑，调整文本的大小、矩阵样式、网格、列标题、标题、边框等，如图 2-17 所示。

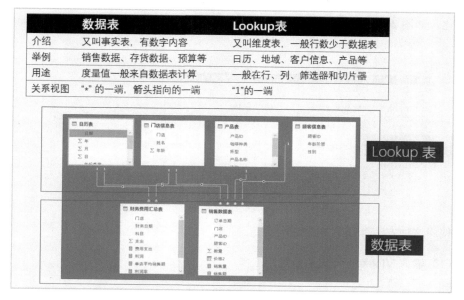

	数据表	Lookup 表
介绍	又叫事实表，有数字内容	又叫维度表，一般行数少于数据表
举例	销售数据、存货数据、预算等	日历、地域、客户信息、产品等
用途	度量值一般来自数据表计算	一般在行、列、筛选器和切片器
关系视图	"*"的一端，箭头指向的一端	"1"的一端

图 2-16

销售数据表					
年份季度	卡布奇诺	美式	摩卡	拿铁	总计
2015Q1		63	5		68
2015Q2		720	168		888
2015Q3	371	1,079	318		1,768
2015Q4	902	990	1,407		3,299
2016Q1	1,083	793	2,212		4,088
2016Q2	971	1,135	3,889	2,974	8,969
2016Q3	445	1,105	4,660	8,407	14,617
2016Q4	467	1,182	6,412	12,487	20,548
总计	4,239	7,067	19,071	23,868	54,245

图 2-17

　　这些格式编辑功能在 2.6 节中都会介绍到，引用这个例子主要是想让读者特别注意这里的行用的是日历表的"年份季度"字段，列用的是产品表的"咖啡种类"字段，而不是来自于销售数据表，这就是数据模型的力量。通过关系的建立，我们得以把所有的表中的数据放在了一张表里。

　　如果没有数据建模，在 Excel 中我们需要做很多工作，比如，在 Excel 中，我们一般使用 Vlookup 公式手工把每张表的数据汇总到一张大表中，我们把这种方法叫作扁平化，如图 2-18 所示。

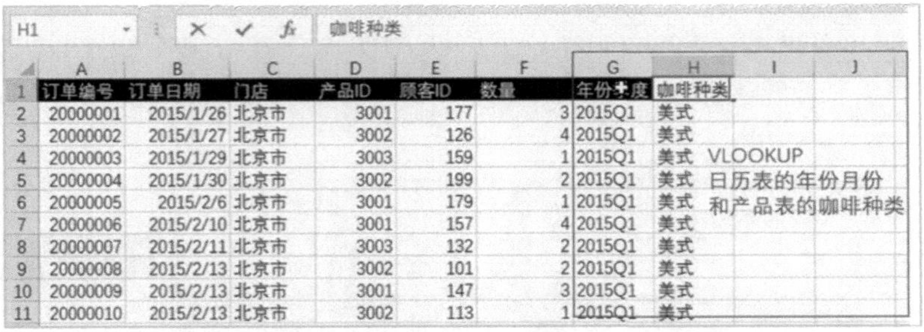

订单编号	订单日期	门店	产品ID	顾客ID	数量	年份季度	咖啡种类
20000001	2015/1/26	北京市	3001	177	3	2015Q1	美式
20000002	2015/1/27	北京市	3002	126	4	2015Q1	美式
20000003	2015/1/29	北京市	3003	159	1	2015Q1	美式
20000004	2015/1/30	北京市	3002	199	2	2015Q1	美式
20000005	2015/2/6	北京市	3001	179	1	2015Q1	美式
20000006	2015/2/10	北京市	3001	157	4	2015Q1	美式
20000007	2015/2/11	北京市	3003	132	2	2015Q1	美式
20000008	2015/2/13	北京市	3002	101	2	2015Q1	美式
20000009	2015/2/13	北京市	3001	147	3	2015Q1	美式
20000010	2015/2/13	北京市	3002	113	1	2015Q1	美式

图 2-18

使用这种方法有几个常见的弊端：

（1）输入 Vlookup 公式是重复的工作。

（2）当数据量庞大时，使用 Vlookup 函数计算会让 Excel 缓慢运行或卡死。

（3）当 Lookup 表和数据表有更新时，不能及时更新到数据表中，甚至需要重新计算。

建立关系模型的目的是避免表的扁平化。关于该关系模型，会在第 4 章中详细讲解。总的来说，如果说 Vlookup 函数是石器时代的工具，那么关系模型就是工业时代的工具。但是到这里还没有完，如果你学会写度量值，那么你就进入了数字时代。下面就介绍什么是度量值。

度量值也就是数据分析的关键指标。比如，从这几张表中可以提取出以下指标信息：

销售量=数量求和
销售额=价格×数量的求和
门店数量=门店个数求和
费用支出=支出的求和
利润=销售额−费用支出
单店平均销售额=销售额/门店数量

切换到“数据”视图，在“建模”选项卡中选择“新建度量值”命令，如图 2-19 所示。

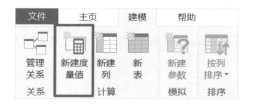

图 2-19

Power BI 中使用的公式语言叫作 DAX（即 Data Analysis Expression），数据分析表达式。它与 Excel 中的公式很相似，只不过 Excel 公式中引用的单元格（如 "A1"），而 DAX 公式直接引用某张表中某列的名称，相比之下，DAX 公式的阅读性非常高。下面先试试写一个度量值：

[销售量] = sum（'销售数据表'[数量]）

Power BI 中非常人性化的设计是在输写公式时有智能提示，可以让用户更顺畅地书写，如图 2-20 所示。

图 2-20

另外，在新建列时也需要经常写 DAX 公式，如图 2-21 所示。

图 2-21

比如，我们在数据视图模式下新添加一列，目的是查询产品表中的价格信息并放到销售数据表中，可以用 Related 函数来完成这件事（效果与使用 Vlookup 函数相似），如图 2-22 所示。

	1 价格2 = RELATED('产品表'[价格])					
订单编号 ▾	订单日期 ▾	门店 ▾	产品ID ▾	顾客ID ▾	数量 ▾	价格2 ▾
20006390	2016年5月9日	承德市	3005	2826	1	33
20006472	2016年5月10日	承德市	3005	2870	1	33
20006520	2016年5月11日	承德市	3005	2860	1	33
20006547	2016年5月11日	承德市	3005	2824	1	33
20006715	2016年5月13日	承德市	3005	2856	1	33
20006796	2016年5月16日	承德市	3005	2887	1	33
20007014	2016年5月19日	承德市	3005	2827	1	33
20007038	2016年5月19日	承德市	3005	2868	1	33
20007117	2016年5月20日	承德市	3005	2828	1	33

图 2-22

DAX 针对不同的应用场景有特别设计的公式，下面利用不同的公式把其他度量值先"照猫画虎地"都写完：

销售额= SumX（'销售数据表', [数量]*[价格 2]）

门店数量 = Distinctcount（'销售数据表' [门店]）

顾客数量 = Distinctcount（'销售数据表' [顾客 ID]）

费用支出 = Sum（'财务费用汇总表' [支出]）

利润 = [销售额] – [费用支出]

单店平均销售额 = [销售额] / [门店数量]

SumX 函数可实现逐行求得数量*价格的结果后，再求总计，Distinctcount 函数可以不重复计数门店和顾客的数据，而度量值"利润"和"单店平均销售额"是基于上面的度量值来得到的。也就是说，度量值可以引用已经创建好的度量值。

到这里数据准备工作就完成了，对于数据建模和利用 DAX 公式写度量值的知识体系是非常庞大的，在第 4~6 章中可深入学习，在这里只是入门，先让读者上手体验一下。本章的重点是可视化图表的操作。

2.4　可视化及自定义视觉对象：将图表一网打尽

可视化操作是在一张白色画布上进行的。在 Power BI 右侧的"可视化"面板中有各种选项可以对它进行调整，比如把底色变为黑色，如图 2-23 所示。

图 2-23

以黑色为底色是一种非常大胆的配色方案，本案例使用此配色方案只是为了方便演示各项功能和便于读者阅读（见图 2-24），在日常工作中不建议选择黑色作为底色。

图 2-24

在 Power BI 的"主页"选项卡中可以选择插入文本框、图片、形状。下面先插入一个文本框，输入名称"Stephen's Coffee Shop"。在右侧的"可视化"面板中可对该文本框进行编辑，比如将画布背景调为绿色，透明度设为 49%，字体颜色设为白色，字号调大一些等，如图 2-25 所示。

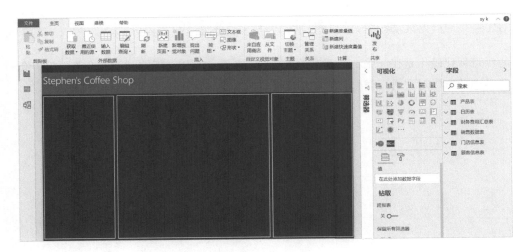

图 2-25

接下来插入形状。在"可视化"面板中单击"矩形"图标，通过调整格式把线条颜色设为白色和矩形无填充。与在 Excel 中的操作一样，可以使用 Ctrl+C 组合键和 Ctrl+V 组合键实现复制和粘贴操作，复制出两个矩形，利用它们把仪表板规划成了几个区间。

也可以插入一张图片，操作很简单，在"主页"选项卡中，选择"插入"选项组中的"图像"命令即可，如图 2-26 所示。

下面开始绘制第一张图表。选择可视化对象"折线和簇状柱形图"，如图 2-27 所示。

图 2-26

图 2-27

在"共享轴"中放入日期表中的"年份月份"字段，在"列值"中放入度量值"销售量"，在图表中这两个字段将以矩形显示；在"行值"中同样放入"销售量"字段，其在图表中将以折线显示。"列序列"的意思是把列值按照某一分类分开，即列值中显示的矩形会根据不同的咖啡种类（卡布奇诺、美式、摩卡、拿铁）分成 4 种不同颜色的矩形，如图 2-28 所示。

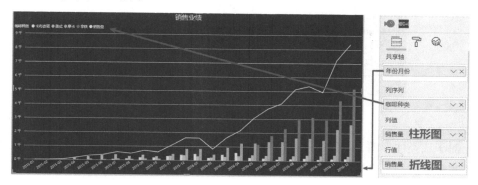

图 2-28

通过调整格式，还可以把标题"销售业绩"居中显示，并调整字号，在右侧的"格式选项"面板中，可以通过"数据颜色"选项设定每个矩形和折线的颜色等。在很多图表中都有图例，它的意思与前面使用的列序列相同，即把某一度量值按照某一类分开，如图 2-29 所示。

在可视化图表中，一般是将数据的类别放入轴和图例中，将度量值放入值中。

使用类似的方法，将顾客信息表中的"年龄阶层"列作为图例，制作一张环形图，如图 2-30 所示。

图 2-29

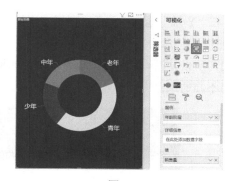

图 2-30

业绩排名采用簇状条形图，以门店信息表中的"姓名"列为 Y 轴，并且可以在"分析"选项卡中选择添加平均线、恒线、最大值线、最小值线等辅助线。条形图上显示的数字可以通过"数据标签"选项来添加，如图 2-31 所示。

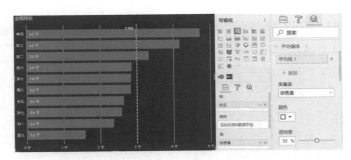

图 2-31

对于该类柱形图、条形图，可以通过单击图表右上角的选项按钮快速排序，比如按销售量由大到小来排序，如图 2-32 所示。

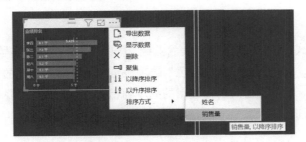

图 2-32

瀑布图适用于表达数值之间的变化关系。例如，在下面的案例数据中有一张财务费用的汇总表，我们可以在"可视化"面板的"类别"选项中放入该表中的"科目"列，在"Y 轴"选项中放入"费用支出"列。在"情绪颜色"选项中，可以为"提高"、"降低"和"总计"选项设置不同的颜色。由于该案例比较简单，"费用支出"为同一方向，所以并没有用到"降低"选项。如果是表示员工人数变化，则可以把增减人数按照不同的颜色来区分，如图 2-33 所示。

图 2-33

在实践中，我们经常需要调整数据显示的单位，例如以千、百万等单位来计量，在"格式"选项的"数据标签"中可以设置显示的单位。此外，如果需要使用百分比符号、千分位分隔符、调整小数位数等，则可以在"建模"选项卡中对该度量值的格式进行设置，如图 2-34 所示。

图 2-34

多行卡片是 Power BI 可视化对象中最简单的一个，但它很常用，可以把一些重点的 KPI（绩效考核指标）直接放在卡片面板上，如图 2-35 所示。

图 2-35

另一个可以比较直观展示 KPI 的图形是仪表，在"格式"选项卡中可以调整仪表测量轴的最小值、最大值和目标值来描述利润率的完成情况。对于每一个视觉对象，"格式"选项卡中的选项都有所不同。Power BI 根据不同的图表有针对性地设计了不同的常用功能，可让我们以最快的速度修改和编辑图表，如图 2-36 所示。

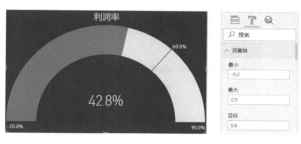

图 2-36

　　树状图将分层数据显示为一组嵌套矩形。 层次结构中的每个组（咖啡种类）都由一个有色矩形表示，其中包含更小的矩形（杯型）。其中根据值（销售额）来确定每个矩形内的空间大小。矩形按大小从左上方（最大）到右下方（最小）排列，如图2-37 所示。

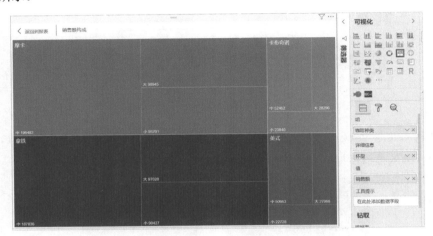

图 2-37

　　接下来补充一些地图的知识点，这对于分析工作非常有用。地图与其他图表稍有不同，因为地图是利用城市的名字来定位的，所以需要明确带有城市名字的字段。在门店信息表中有"门店"字段，可以使用"建模"选项卡中的"数据分类"命令把它明确指定为"城市"。之后选中该字段时会看到该字段旁生成一个地球的标志，把"门店"字段拖入地图的位置栏中，值仍然采用"销售量"，之后一张全国各城市门店的销售量分布图就呈现出来了，操作过程非常简单，如图 2-38 所示。

图 2-38

　　最后，再介绍一下什么是自定义视觉对象。Power BI 中自带的图表基本可以满足大部分的数据分析需求，但是如果你想要制作一些更"高大上"的图表，那么还可以使用 Power BI 提供的丰富的图表资源库，其下载方式有两种，如图 2-39 所示。

图 2-39

第一种，登录 Power BI 桌面版后，在"主页"选项卡中选择"来自应用商店"命令，可以直接添加图表到文件中，如图 2-40 所示。

图 2-40

第二种，找到 Office 应用商店（Office Store）的网址，如图 2-41 所示。

图 2-41

在 Office 应用商店中，选择"Power BI"选项后可以看到所有的视觉对象，将这些视觉对象下载到本地电脑后，再利用"主页"选项卡或者"可视化"选项卡中的命令从文件中导入，即可将这些视觉对象添加进来，如图 2-42 所示。

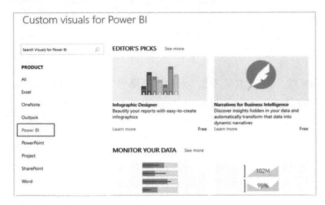 

图 2-42   图 2-43

在前面的案例中使用了两个自定义视觉对象：滚动的价目表 Scroller 和鱼缸，这两个视觉对象在案例文件中以.pbiviz 格式文件存在，可以使用上述方法将其导入 Power BI 中，如图 2-44 所示。

导入后，具体操作方法与操作其他图表的原理一样，只要你能够分清楚类别和度量值，把表格中的列放入类别中，把创建的度量值放入值中，就可以完成操作，如图 2-45 所示。

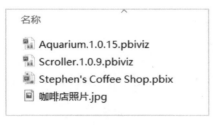 

图 2-44   图 2-45

在"Category"类别栏中放入产品表中的"产品名称"列，在"Measure Absolute"绝对值中放入产品表中的"价格"列，并设定为求和，如图 2-46 所示。

鱼缸图中每一条鱼"Fish"对应的是顾客信息表中的"顾客 ID"，所以每一条鱼代表一名顾客，而鱼的大小"Fish Size"对应的是度量值"销售量"，如图 2-47 所示。

图 2-46　　　　　　　　　　　　　　　　图 2-47

　　这里的仪表板选取了滚动表和鱼缸视觉对象。Power BI 的官网会不断更新上线新的自定义视觉对象，这些视觉对象可能会更新，也可能会被删除，虽然使用原理相同，但不同的视觉对象的设计特性均有差异，建议读者按需求学习和使用。在本节的最后，还会再介绍信息设计图表。

　　我们经常会看到一些海报中的柱形、条形图是用图片来填充的，产生的视觉效果形象生动，如图 2-48 所示，这类图表被称为信息设计图表。

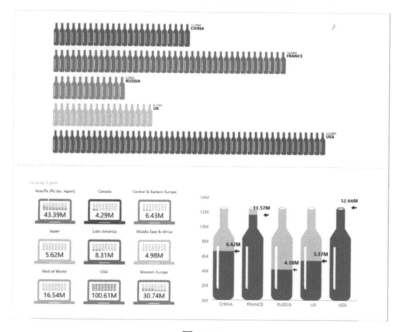

图 2-48

在网上可以搜到一些使用 Excel 制作这种信息设计图表的方法，那么如何用 Power BI 来完成的呢？可以使用自定义视觉对象 Infographic Designer 来制作，如图 2-49 所示。当然，准备工作是将该视觉对象文件导入 Power BI 中。

图 2-49

如图 2-50 所示，其中对 X 轴、Y 轴的设定与普通柱形图的设定方法基本一致，还是以上面的咖啡店销售案例数据为例，在"Category"类别栏中放入"咖啡种类"字段，在"Measure"值栏中放入度量值"1 销售量"，即可简单制作成柱形图案，具体操作不难，主要有两点要注意。

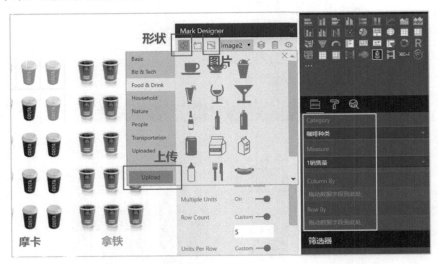

图 2-50

第一，这类图表最大的特点就是可以把数据替换成自己想要的图形。图形的设定可以使用系统自带的一些形状（商业、技术、食品、自然、人等），也可以插入自定义上传的图片，如图 2-50 所示。

下面使用图 2-50 所示的 4 种咖啡杯图片，将它们上传后，再对行数和每行单元数进行设定，就可以轻松得到图 2-51 所示的效果。

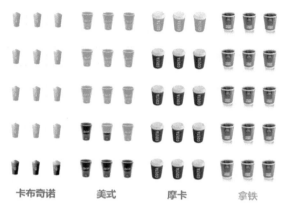

图 2-51

第二，Power BI 有一个非常棒的功能，在图形效果右边的设定栏中你会看到两个选项："Column By"列和"Row By 行"。也就是说，你可以按照不同的类别把图表分开（图 2-52 是按照年份季度来划分的）。为什么说这个功能很棒呢？例如在实际工作中你的数据有 20 个城市，你想要为每个城市制作一张销售数据表，比较笨的方法是用复制并粘贴制作 20 张表，再修改城市数据。现在利用这个信息图，你只要把城市列放入"Column By"中，20 张表瞬间生成，无须分别制作，如图 2-52 所示。

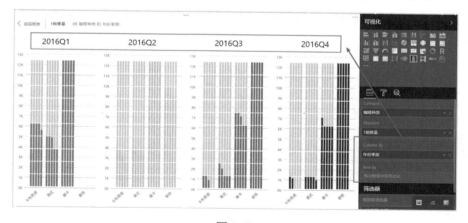

图 2-52

　　而且，该表提供了很多丰富的自定义功能，比如在图 2-52 中，每个季度的数据颜色是不同的（绿色、浅蓝色、红色、深蓝色），这些可以针对不同咖啡种类自定义设定。此外，如果读者对某个自定义图表上手困难，还可以在 Office 应用商店中找到示例报告以及在 Youtube 上找到视频演示来学习，如图 2-53 所示。

图 2-53

2.5　筛选器、层次、交互和分享：颠覆静态报表

　　在 Power BI 中有 4 种常用的筛选器。其有 3 种位于右侧的边栏中，即此视觉对象上的筛选器、此页上的筛选器和所有页面上的筛选器。它们的筛选范围是由小到大的。此视觉对象上的筛选器针对所选择的可视化对象，此页上的筛选器针对该文件中的不同的页面，所有页面上的筛选器则是针对整个 PBI 文件，如图 2-54 所示。

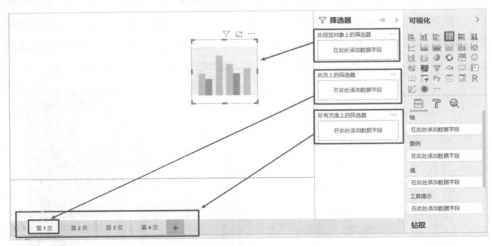

图 2-54

　　在这几种筛选器中，可以通过选择"高级筛选""基本筛选"和"前 N 个"选项限定不同的筛选范围，如图 2-55 所示。

图 2-55

第 4 种筛选器为切片器，属于可视化对象，它与 Excel 中的切片器概念是相同的，如图 2-56 所示。

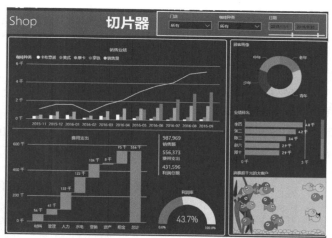

图 2-56

而且切片器在 Power BI 中有多种显示方式，比如日期可以使用时间轴显示，在界面右上角的小箭头按钮用来设定文字是以列表显示还是以下拉菜单显示，如图 2-57 所示。在"格式"选项卡中还可以设定是全选或单项选择。

图 2-57

接下来做一些添砖加瓦的事情。首先是设定层次。所谓层次，即对类别的架构进行层次定义，比如时间层次可定义为年、月、日，地域层次可定义为中国、北京市、海淀区，产品层次可定义为 iPhone 手机、6S、128GB 等。

在日历表中单击鼠标右键，在弹出的快捷菜单中选择"新的层次结构"命令，选中"年份季度"和"年份月份"并添加到新层次结构中，就会看到字段中多了一个层次结构的集合，如图 2-58 所示。

图 2-58

把日期层次集合放入销售业绩的折线图与柱形图中的 X 轴上，你会发现图表的左上角多了一排钻取按钮，单击此按钮可以实现层次钻取功能，在"年度季度"和"年度月份"视图之间进行切换。掌握了此方法，你可以随心所欲地设定字段的层次，比如"门店—店长—顾客"，"咖啡种类—杯型"，如图 2-59 所示。

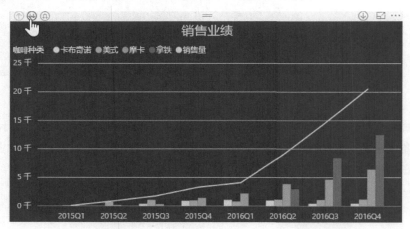

图 2-59

交互式分析是 Power BI 所具有的一大特点。所谓交互，即各视觉对象之间可以相互交流和互动。Power BI 中的默认图表之间可以实现交互分析，比如在图 2-60 所示的仪表板中选择环形图上的"青年"字段，则其他所有的图表都会高亮显示顾客为"青年"的数据。

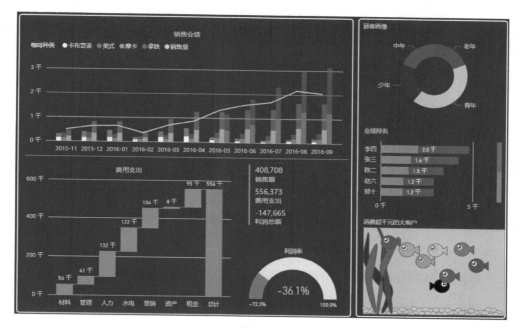

图 2-60

如果不想使用 Power BI 默认的交互方式，则可以自定义交互方式，即在"格式"选项卡中选择"编辑交互"命令即可，如图 2-61 所示。

图 2-61

例如想要调整顾客画像环形图与销售业绩折线柱形图之间的交互效果，则可以在"编辑交互"的模式下，选中顾客画像环形图。当将鼠标光标移动到销售业绩图上时，会看到图的右上方有几个选项，如图 2-62 所示。其中"筛选"选项的作用是当选中了环形图中的"青年"字段时，则该销售业绩图只会显示出"青年"的销售业绩；"突出显示"选项的作用是保持默认显示模式，即高亮显示；"无"选项的作用是取消交互效果。

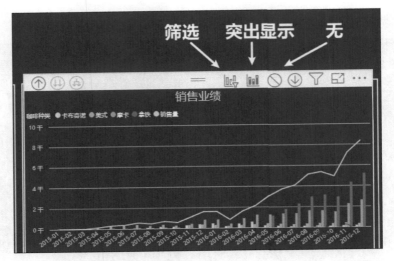

图 2-62

数据报告做得再好，如果不能与他人及时分享，那么结果等于零。

利用 Power BI 分享数据报告的优势有两点：

（1）打破限制，无论在何处，无论使用的是笔记本电脑、平板电脑，还是安卓手机或者苹果手机，都可以快速地获得数据报告。

（2）可以展现动态交互图表，这是 PPT 很难做到的事情。

要在 Power BI 中发布数据报告，首先需要注册一个 Power BI 账号。根据 Power BI 官方的要求，需要以公司或者学校邮箱注册。登录账号后，在 Power BI 中单击"发布"按钮，数据报告就被上传到 Power BI 服务中（即网页版 Power BI），如图 2-63 所示。

图 2-63

在 Power BI 服务中，选中该报表，然后选择"文件"—"发布到 Web"命令，Power BI 会生成一个超链接供任何人以网页的形式访问数据报告，也可以把<iframe>代码嵌入电子邮件或者博客等地方，让读者直接在页面上查看该数据报告，如图 2-64 所示。

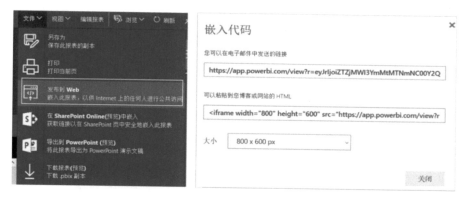

图 2-64

Power BI 服务属于 Power BI 桌面版的扩展功能，其功能包括上传报表、创建仪表板，以及使用自然语言对数据进行提问，并且该服务可用于设置数据刷新时间、与组织共享数据并创建自定义服务包等。可以说这是一个非常有潜力的服务模块，它实现了从数据源直接到图表和分析结论的智能输出。无论何时何地，只要能登录网页，就可以完成数据分析并分享给需要的人。

另外，在发布上传的数据集中单击"查看见解"命令，如图 2-65 所示，此时一系列的图表将会生成。这些见解挖掘出的有数据的趋势、稳定和波动的异常值、相关性和季节性分析等，并加以分析的结论。让人惊叹的是，这些都是由系统自动完成的，并且只用了几秒就完成了。

图 2-65

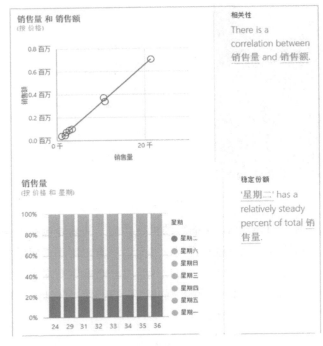

图 2-66

再看另一个功能——选择报表。在界面上方单击"固定活动页面"按钮，可以生成一个仪表板，如图 2-67 所示。

图 2-67

　　在仪表板中我们会看到弹出一个对话框，在其中可以输入想要知道的问题来获取
答案，如图 2-68 所示。

图 2-68

　　例如，在对话框中输入"销售额 by 门店信息表"，一张用气泡大小代替门店销售
量的地图就瞬间生成了。

　　如果把"门店信息表"换成"日期"，一张时间趋势折线图就瞬间生成了，如图
2-69 所示。

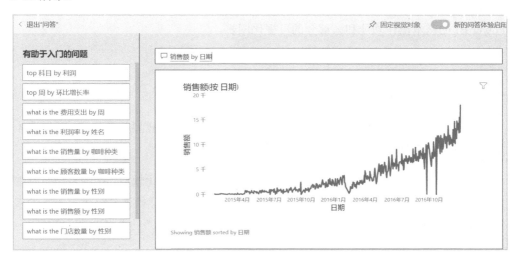

图 2-69

　　而且 Power BI 服务还可以与 Cortana 智能助手直接连接，甚至可以用语音问答的
方式来实现这些数据分析，如图 2-70 所示。

图 2-70

当然，Power BI 中的这些功能还在不断完善，包括对中文的支持。在体验了 Power BI 的快速见解和智能问答这两项功能后，我想读者已经可以感受到 Power BI 对我们工作带来的颠覆。

有关 Power BI 服务的内容，在微软的官方网站中有详细的说明，购买不同产品也会有相关的支持，在本书中就不多做介绍了。本章的讲解属于浅尝辄止，也算是给读者的 Power BI 学习之旅开了一个头，如果你能完整地上手操作仪表板，你就掌握了 Power BI 的基本操作功能和大部分的可视化图表。

2.6　可视化原则：平衡的艺术

虽然本书介绍的是 Power BI 的使用，但是做数据分析最重要的是思维，所以在本章的最后，主要介绍 Power BI 在可视化方面的应用。

无论你用的是 Power BI、Excel，还是市面上的各类可视化软件，做图表报告时都会遇到这样的问题：使用哪种图表最好？现在的大部分可视化软件都提供了丰富的视觉方案，还有可以自定义添加的视觉对象，对于有"选择恐惧症"的人来讲就更麻烦了。

对于可视化的总体原则，我认为是"Simple is Better"，即简单最好，避免画蛇添足。

在具体的应用中，要判断所使用的图表是否恰当，我认为有两条最重要的标准：

（1）有没有回答读者想要知道的问题？

（2）读者是否需要做算术题？

1．有没有回答读者想要知道的问题

数据分析是用分类和比较的方式回答问题，可视化就是展现答案的方式。当你绘制图表的时候，也就意味着你在选择是用饼图、柱形图还是折线图等来回答问题。举一个例子，如果领导想要知道过去一年的销售业绩是增长了还是下滑了，而你用一张饼图来展示，就好比问你抽烟吗，你回答不喝酒，所问非所答。即使你把饼图做得再炫酷也是没有任何意义的。所以，在追求视觉效果的同时，不要忽略了数据的内容。

为了帮助读者理解图表，下面把 Power BI 中常用的图表类型进行了评级。如图 2-71 所示，其中 X 轴代表数据丰富度，Y 轴代表视觉冲击力，可以从这两个角度理解每一种图表类型。

在商业应用图表中，常见的数据丰富度高而且有非常强视觉冲击力的图表有地图和气泡图。地图在展现地域类信息时有不可替代的效果。

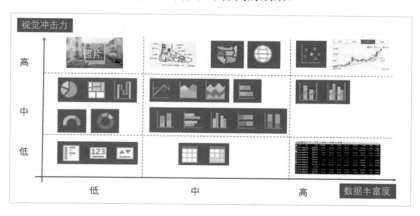

图 2-71

散点图是我最爱用的，因为它经常被用在高度概括的战略分析中。其实图 2-71 就是一张散点图的变形，只不过这里的散点是各个图表类型。散点图在商业中的应用非常多，图 2-72 所示的是全球知名的 IT 研究与顾问咨询公司 Gartner 在每年发布的行业分析报告中的首页里用来高度概括总结的图，叫作魔力象限图。

这张魔力象限图就是一个散点图的应用实例。该图从两个方面来评价当前市场中的 BI 厂商，其中 X 轴代表发展前景，Y 轴代表执行力。从图 2-72 中可以看出，微软（Power BI）和 Tableau 遥遥领先其他厂商，其中微软属于后来者居上，在执行力和前景上均超越了 Tableau。在"挑战者"象限里仅有一家 MicroStrategy，说明大格局开

始走向稳定，难有异军突起的黑马。

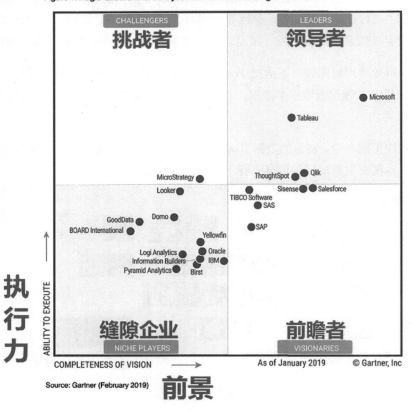

图 2-72

使用本书前面介绍的咖啡店案例数据也可以做出一张炫酷的散点图。如图 2-73 所示，其中 X 轴为"门店数量"，Y 轴为"销售额"，图例为"咖啡种类"，散点（气泡）的大小表示"销售额"，最后再把播放轴设为日历表中的"年份月份"，从而就轻松制作出一张可以播放的散点图。该图可描述咖啡店开业于 2015 年 1 月，随着时间的推移，门店数量的增加，以及销售额的增加，拿铁咖啡自 2016 年 5 月被推出后销售量一路走高，成为最受欢迎的产品。所以，通过这张散点图可以高度概括咖啡店过去两年的业绩情况。

图 2-73

其实以象限来做战略分析的方法很早就有了。如果读者接触过管理学，则可能会知道波士顿矩阵模型。其 X 轴为市场占有率，Y 轴为销售增长率，并按照这两个指标把产品分为明星产品、问题产品、瘦狗产品、金牛产品共 4 类，针对不同的类别可以采取不同的战略行动来应对市场，如图 2-74 所示。

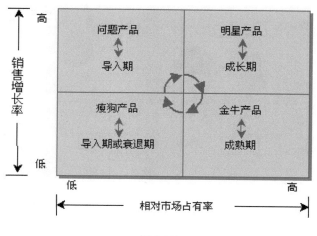

图 2-74

下面仿照这个象限方法，利用前面的案例数据再制作一张散点象限图。把这张散点图的 X 轴和 Y 轴分别设为"销售额"和"环比增长率"。已知环比增长率=（当月销售量−上月销售量）/上月销售量，公式的写法有很多，时间智能函数的用法会在后面的 DAX 语言学习中讲解。我们这里先照猫画虎写一个度量值公式：

```
=Divide（[销售额]-
Calculate（[销售额],Previousmonth（'日历表'[日期])),
Calculate（[销售额],Previousmonth（'日历表'[日期]))
)
```

要求月环比增长率，则先要指定以哪个月为当月来计算，这里利用日历表中的"年份月份"字段，添加一个切片器，任意选中一个月份，比如 2016 年 12 月。再添加一个散点图，将 X 轴设为"销售额"，Y 轴设为"环比增长率"，图例使用产品表中的"产品名称"，把散点细分到每种咖啡种类和杯型，散点大小以"销售额"来计量，如图 2-75 所示。

再对格式进行调整，打开图例，在设置位置的下拉列表框中选择"右"选项，将图例名称在图表右侧显示，打开类别标签并调整字体。可以利用"分析"选项卡下的 X 轴、Y 轴恒线把散点图分为 4 个象限，如图 2-76 所示。

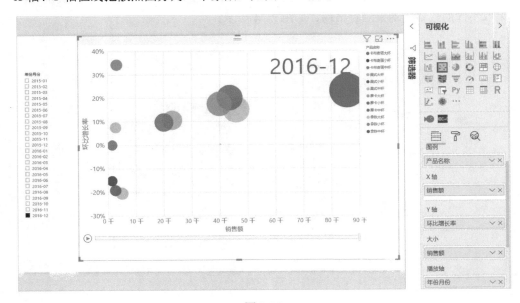

图 2-75

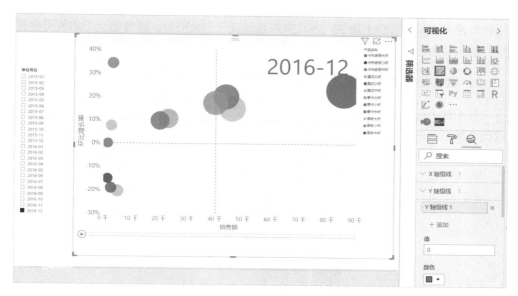

图 2-76

一张四象限图就快速生成了。从图 2-77 中可以得出结论：拿铁中杯咖啡具有高销售额、高速增长的特点，是波士顿矩阵中的明星产品。而象限图左下方的几款产品的市场欢迎度在下滑，处于衰退的边缘。这就是象限散点图的基本应用。

再回到图 2-71 中，其中右上角的 K 线图在企业数据分析中一般不会被用到。我把它排在最上的位置，是因为它能够记录股票交易市场每日的开盘价，收盘价，最低价，最高价，阴阳变换，30 天、60 天等均线趋势，数据丰富度相当庞大。K 线图的使用到现在已经有了数百年的历史，不愧是经得起时间的考验，让大多数股民都看得懂的分析图表。

在图 2-71 中，视觉冲击力位于中间部分的图表是我们最常用到的，可以说 80% 的数据分析应用到的都是这些图表，包括饼图，环形图，树状图，瀑布图，各种垂直、水平、叠加方式的柱形图与折线图。在这些图表中最好用的就是柱形图与折线图，它们不仅具有视觉冲击力，表达的数据内容也可以很丰富。由此可见，可视化的原则不在于图表要做得多么复杂，越简单往往是越好的。对于饼图、树状图、环形图，它们只能表达静态的数据构成情况，即某一时间点的各类别占比情况，无法加入时间趋势这样的维度，所以数据丰富度比较小。

位于图 2-71 下方的几个卡片、表格、股票行情表截图等都不算是图，而是表，所以视觉冲击力很弱。综上所述，在选择图表时要三思而后行，要考虑一下如何平衡视觉冲击力和数据丰富度这两方面。

2. 读者是否需要做算术题

关于这个问题，我对 Power BI 中的图表又进行了评级，如图 2-77 所示，其中 Y 轴代表其能够表达信息的数据精确度。

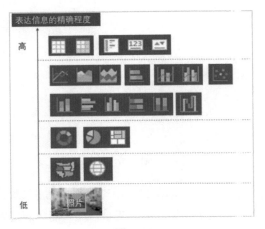

图 2-77

地图的视觉冲击力和数据丰富度都很高，但其表达信息的精确度很一般。例如领导想要知道哪座城市卖出的咖啡比较多，如果用地图来展示，那么地图上会有很多气泡，领导需要仔细查看哪个气泡大。这个时候如果用柱形图来展示，则谁多谁少就一目了然了，如图 2-78 所示。

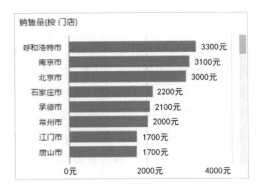

图 2-78

　　饼图也是表述信息的精度较低的图，不如柱形图的对比结果更清楚，如图 2-79 所示。

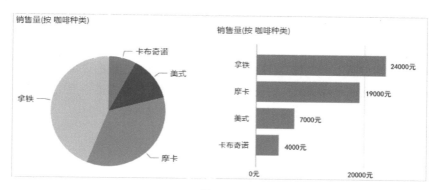

图 2-79

　　当然，数据分析结果的展示效果不仅仅与选择哪种图表有关，图表的配色、数字的格式、字体等都可能会影响读者的阅读效果和理解速度。

　　总的来讲，在进行数据可视化时，在追求视觉冲击力的同时，也不要忽略了数据丰富度和表达信息的精确程度，如图 2-80 所示。而对于这个度的把控，可以通过以上这两条判断标准来思考，即有没有回答读者想要知道的问题？读者是否需要做算术题？

图 2-80

　　数据可视化不仅是一门技术，也是一门艺术，同样的数据在不同人的手里，展现的效果会千差万别，掌握这门技能需要你理解数据并具有想象力。

这里引用一句名言：

"Logic will get you from A to B. Imagination will take you everywhere."

（逻辑会把你从 A 带到 B，而想象力可以带你去任何地方）。

Power BI 同市面上大多数的可视化工具一样，会随着科技的进步，涌现更多的炫酷的动态图表并且逐渐降低用户的使用门槛，但我们的想象力不会受工具的限制，所以在学习如何使用工具的同时也不要忘记锻炼自身的思考能力。

第 3 章

数据查询：Power Query

你们一直抱怨这个地方，但是你们却没有勇气走出这里。

——《飞越疯人院》

3.1　告别"数据搬运工"

"数据搬运工"这个词是我以前在从事财务分析工作时听到的。如果有人问"数据搬运工"是一种什么样的工作体验，那么我会半开玩笑式地给他看图 3-1。

图 3-1

不知道各位读者有没有像我一样,把每天使用Excel做的事情分为以下4个步骤。

（1）获取数据（数据源可能来自 ERP 系统、SAP、Oracle、金蝶用友等，也可能是来自某部门提供的手工数据）。

（2）拿到数据后把多张表中的信息汇总到一张表中，这时可能会用到复制、粘贴和使用 Vlookup 函数等方法关联各种表里的信息，再对数据格式进行清洗和修改（比如调整日期格式、拆分列、排序、去重、替换等）。

（3）当一切准备工作完成后，接下来就是计算，利用 Excel 中的数据透视表计算并产出各种维度的报表。

（4）最后分析数据趋势和原因。

以上是一个财务分析师在大部分时间要做的事情。其实你会发现，不仅仅是财务人员，很多人力、销售、运营、生产等与数据打交道的从业者，都无一例外地重复着这样的数据分析工作流程。

记得曾经在一个加班的夜晚，我们整个团队都在为统计预算数据而忙碌，在重复和苦力般的报表工作中煎熬着。这时有一位同事长叹："我们不生产数据，我们只是数据的搬运工。"这句话道出了很多数据分析工作者的心声。试想一下，你有多少时间在做数据搬运工作，也就是从数据源到加工出报表的过程，又有多少时间在做真正的数据分析工作？你是数据的玩家还是数据的奴隶（见图 3-2）？

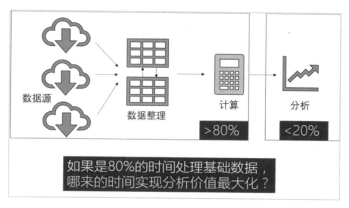

图 3-2

　　大多数数据分析师都是在用 80% 的时间做基础的数据处理工作，而用不到 20% 的时间做数据分析，也就是说，他们的大部分时间都是在做附加值低的工作。或许你非常庆幸，领导眷顾你，让你只做数据分析工作，另外的基础的数据处理工作有人帮你来完成，但对于这部分工作，终究是付出了人力成本。尤其是当你处在团队领导的角色时，你需要考虑的不仅仅是个人的问题，而是团队工作效率的问题。此时需要考虑的就是如何减少附加值低的工作的时间分配，增加附加值高的工作的时间分配，提高工作效率。所以，提高数据处理工作效率是提高数据分析工作的前提和关键。

　　那么如何才能解决这个问题呢？答案是借助工具的力量。在荀子的《劝学》中有一句话："假舆马者，非利足也，而致千里；假舟楫者，非能水也，而绝江河。君子生非异也，善假于物也。"其大意是：借助车马的人，并不是脚走得快，却可以达到千里之外；借助舟船的人，并不善于游泳，却可以横渡江河。君子的资质秉性跟一般人没什么不同，只是善于借助外物罢了。

　　所以，我们需要借助一个外物——强大的 Power Query 工具，来解决这个工作时间分配失衡的问题，打造一个工作新常态：用 20% 的时间做数据处理工作，用 80% 的时间做数据分析工作。本章的学习方式是先上手操作，让读者先了解 Power Query 可以做什么，最后再总结 Power Query 到底是什么。

假设你是某家公司的数据分析人员，每个月都会收到图 3-3 所示的这种类型的报表，并且在工作中有很多问题想要解决。

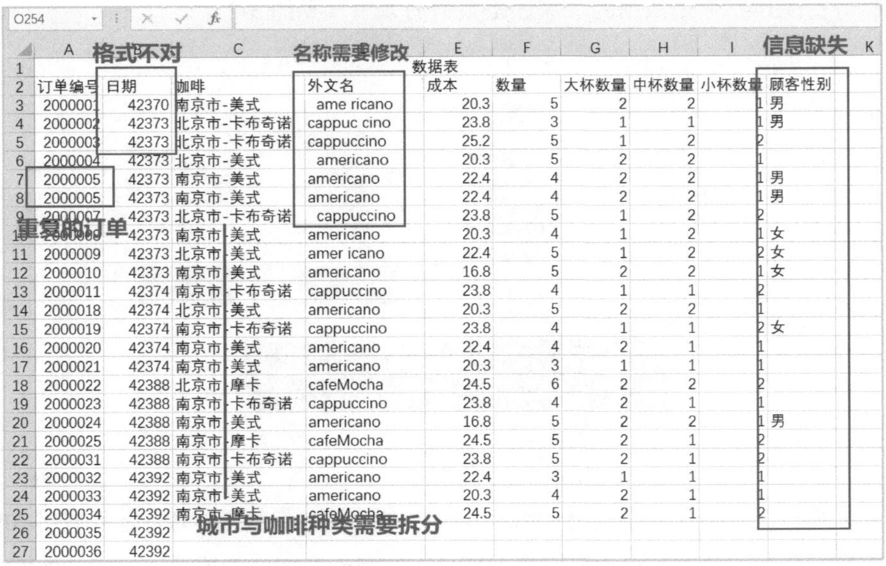

	A	B	C	D	E	F	G	H	I	J
1					数据表					
2	订单编号	日期	咖啡	外文名	成本	数量	大杯数量	中杯数量	小杯数量	顾客性别
3	2000001	42370	南京市-美式	ame ricano	20.3	5	2	2	1	男
4	2000002	42373	北京市-卡布奇诺	cappuc cino	23.8	3	1	1	1	男
5	2000003	42373	北京市-卡布奇诺	cappuccino	25.2	5	1	2	2	
6	2000004	42373	北京市-美式	americano	20.3	5	2	2	1	
7	2000005	42373	南京市-美式	americano	22.4	4	2	2	1	男
8	2000005	42373	南京市-美式	americano	22.4	4	2	2	1	男
9	2000007	42373	北京市-卡布奇诺	cappuccino	23.8	5	1	2	2	
10	[illegible]	42373	南京市-美式	americano	20.3	4	1	2	1	女
11	2000009	42373	北京市-美式	amer icano	22.4	5	1	2	2	女
12	2000010	42373	南京市-美式	americano	16.8	5	2	2	1	女
13	2000011	42374	南京市-卡布奇诺	cappuccino	23.8	4	1	1	2	
14	2000018	42374	北京市-美式	americano	20.3	5	2	2	1	
15	2000019	42374	南京市-卡布奇诺	cappuccino	23.8	4	1	1	2	女
16	2000020	42374	南京市-美式	americano	22.4	4	2	1	1	
17	2000021	42374	南京市-美式	americano	20.3	3	1	1	1	
18	2000022	42388	北京市-摩卡	cafeMocha	24.5	6	2	2	2	
19	2000023	42388	南京市-卡布奇诺	cappuccino	23.8	4	2	1	1	
20	2000024	42388	南京市-美式	americano	16.8	5	2	2	1	男
21	2000025	42388	南京市-摩卡	cafeMocha	24.5	5	2	1	2	
22	2000031	42388	南京市-卡布奇诺	cappuccino	23.8	5	2	1	2	
23	2000032	42392	南京市-美式	americano	22.4	3	1	1	1	
24	2000033	42392	南京市-美式	americano	20.3	4	2	1	1	
25	2000034	42392	南京市-摩卡	cafeMocha	24.5	5	2	1	2	
26	2000035	42392								
27	2000036	42392								

图 3-3

首先看一下这张数据报表存在的问题：数据格式很不规整，有重复的订单；日期的格式不正确，需要调整；每种咖啡的杯型数量、门店所在城市与咖啡种类的信息需要拆分；顾客性别信息不完整等。

每个月你都会收到这样一张报表，并需要做数据清洗、修改。并且随着数据的积累，每个月都需要把新增的数据与历史数据通过复制、粘贴汇总到一起，再做成数据透视表，最后制作成图表。

你需要解决的根本问题是：每月重复的数据汇总、清洗工作太耗精力；希望有更多的时间做数据分析，实现多维度的数据分析。

认识到了问题，再来分析一下目标，即理想的数据分析输出结果是什么样子？首先，至少要有基本的月报指标，如“销售量”“门店数量”，时间轴可以定位到想要的日期范围，输出的图表按各咖啡种类和报表日期查看销售量情况，以及按门店在城市、咖啡杯型、顾客性别等维度查看销售量情况，如图 3-4 所示。

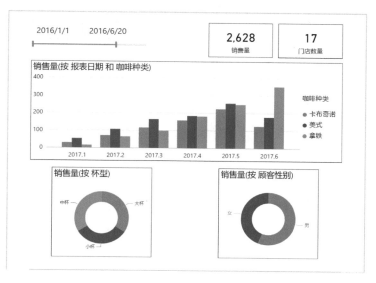

图 3-4

　　另外需要解决的问题是减少每个月通过复制、粘贴汇总数据的重复性工作。假设现在有 6 个月的基础数据，即 1 月至 6 月，最近你又收到两个月的数据（7 月和 8 月的数据），理想的操作是只需要把这两个新文件拖曳到存放基础数据的文件夹中，如图 3-5 所示。

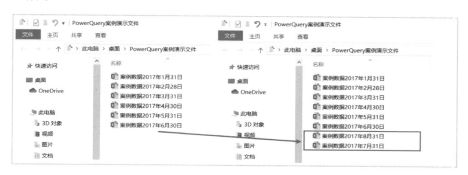

图 3-5

　　然后回到 Power BI 的界面中，单击"刷新"命令，如图 3-6 所示。

　　之后 7 月和 8 月的数据就被添加进来了。这个过程完全自动化，也就是说，你每个月需要做的事情就是把新文件放入基础数据文件夹中，然后刷新即可。剩下的时间都可以来做数据分析，如图 3-7 所示。

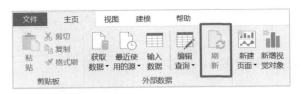

图 3-6

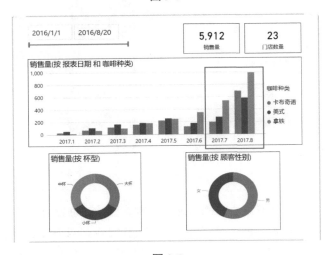

图 3-7

　　明确目标非常重要，建议读者一定要有目标再开始着手工作，否则盲目地操作将会浪费时间和人力。下面会介绍清洗数据的 30 招、网页和数据库的数据源获取方法以及追加合并查询的使用，最后是对 Power Query 系统的总结，以及浅谈精益思想 LEAN thinking 在数据分析领域方面的应用，目的是帮助读者完善知识体系。下面就开始上手操作吧。

3.2　数据清洗 30 招：变形金刚

　　数据源就好像食材，为了让其达到可以入锅加工的状态，需要对它进行清洗和整理。如何快速地完成这些看似简单但很费时的工作？可以使用本节介绍的 Power Query 编辑查询器中的 30 个小功能，掌握了它们，你就好像拥有了一个变形金刚（Transformer），让数据变形易如反掌（恰好英文版 Power BI 中的"转换"选项卡也叫"Transform"）。

1. 第 1 招——汇总文件夹中的数据

这里要汇总的数据是 1 月至 6 月的 Excel 数据。在 Power Query 编辑查询器中，选择"主页"选项卡中的"新建源"命令，在打开的子菜单中选择"更多"—"文件夹"命令（通过 Power BI 主界面的"获取数据"选项来操作也可以），如图 3-8 所示。

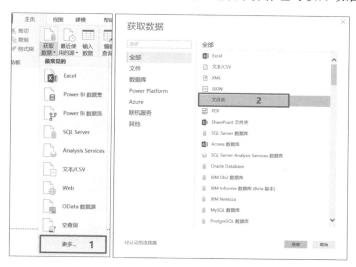

图 3-8

在打开的对话框中选择文件夹的位置，如图 3-9 所示。

图 3-9

单击"确定"按钮后，会弹出如图 3-10 所示的对话框，从中可以查询到该文件夹下的所有文件。

在这个对话框中有一个"组合"按钮，因为我们的目标是把该文件夹下的 6 个文件合并汇总到一张表中，所以单击此按钮。在弹出的对话框中会询问选择以哪个文件作为示例文件，也就是说要合并的 6 个文件会以其中的某一个文件的格式为样本来追加。因为本案例中的每个文件格式都是相同的，所以选择哪一个文件都可以，这里就默认以第一个文件作为示例文件，单击"确定"按钮，如图 3-11 所示。

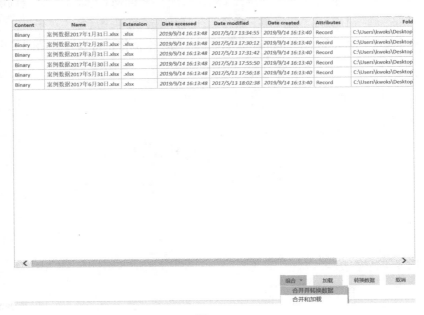

图 3-10

图 3-11

之后，我们会看到 6 张表的信息都汇总到了一张表中了，如图 3-12 所示。

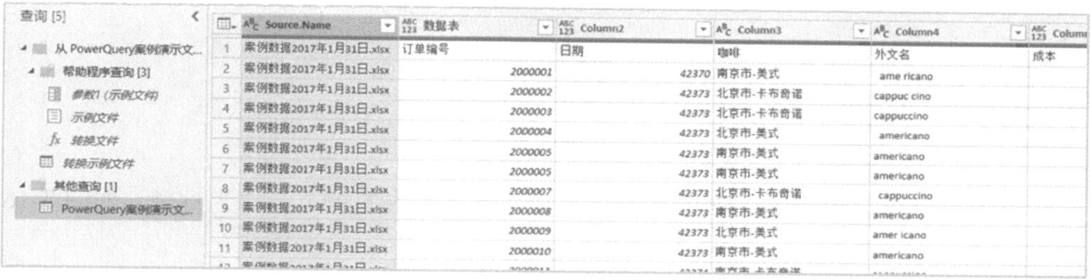

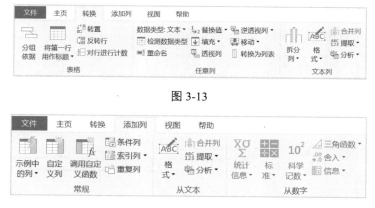

图 3-12

在左边的"查询"面板中出现了很多图标，这是后台操作涉及的中间步骤，这里先不用管它们，后面在 3.4 节会详细介绍。我们现在需要知道的是，使用这个方法可以简单、快速地把一个文件夹中的多张表汇总到一起，无须任何代码操作。同时要特别注意，使用该方法的前提是文件的格式要保持一致。如果有多个文件格式不一致，则需要尽量把各个文件的格式修改一致后再做合并汇总。

从第 2 招开始进入数据清洗环节，这项工作主要使用"转换"和"添加列"两个选项卡中的命令完成，这两个选项卡中有些功能是一样的，主要区别在于"转换"选项卡是在原列上直接进行修改，而"添加列"选项卡是在原列的基础上新增一个列，如图 3-13 和图 3-14 所示。

图 3-13

图 3-14

2．第 2 招——将第一行用作标题

在"转换"选项卡中可以找到"将第一行用作标题"命令，如图 3-15 所示。

图 3-15

单击此命令会除去当前表中最上面一行，将原表中的第 1 行作为标题，如图 3-16 所示。

图 3-16

3．第 3 招——筛选

使用表头的筛选按钮可以剔除无用的信息行。因为在前面的案例中是把多张表汇总到一起，所以每张表的表头都被加进来了，通过去除表头"订单编号"筛选项下的"订单编号"可以删除这几行，如图 3-17 所示。

图 3-17

4．第 4 招——删除列

接下来学习的几招是用于删除数据的。在原始数据中有一个"数量"列，其中的数字代表的是咖啡各杯型（大杯、中杯、小杯）数量列的加总，在实践工作中，我们会经常遇到原始数据中带有一个加总列，这列数据在后面整理过的表中可以利用度量值来计算，所以说它是一个没有意义的多余列，可以删除。具体操作很简单，选中该列并单击鼠标右键，在弹出的快捷菜单中单击"删除"命令。此外，如果想要删除很多列，则可以利用 Ctrl 或 Shift 键选择要保留的列，如图 3-18 左图所示。

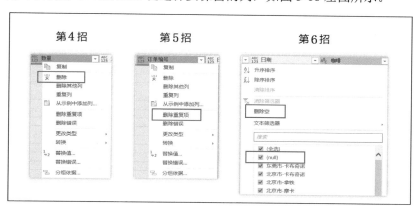

图 3-18

5．第 5 招——删除重复项

如果表中的订单是有重复的，则需要删除重复项。单击鼠标右键，在弹出的快捷菜单中单击"删除重复项"命令。这与 Excel 的去重功能是基本一样的，如图 3-18 中图所示。

6．第 6 招——删除空值

在筛选条件下，如果有"删除空"选项或者在筛选列表中可以找到"null"空白项，则可以直接将空值删除，如图 3-18 右图所示。

7．第 7 招——修改数据类型

这一招用于调整数据类型定义，在每一个字段的左侧都会看到有一个数据类型下拉按钮，单击此按钮，在弹出的下拉列表中可以选择修改数据类型，如图 3-19 所示。

Power Query 中常用的数据类型有小数、整数、日期、文本等，在"转换"选项卡中也可以看到对应的类型名称，对数据类型进行定义非常重要，比如，如果把"成本"这一列的数据类型义为文本，则在后面的分析操作中就不能使用+、-、*、/运算输出值。

田	A^B_C 案例数据2017年1月3...	▼	ABC 123 订单编号	▼	ABC 123 日期	▼
1	1.2 小数		2000001		42370	
2	$ 定点小数		2000002		42373	
3	1²3 整数		2000003		42373	
4	% 百分比		2000004		42373	
5	日期/时间		2000005		42373	
6	日期		2000006		42373	
7	时间		2000007		42373	
8	日期/时间/时区		2000008		42373	
9	持续时间		2000009		42373	
10	A^B_C 文本		2000010		42373	
11	True/False		2000011		42374	
12	二进制		2000018		42374	
13			2000019		42374	
14	使用区域设置...		2000020		42374	

图 3-19

8．第 8 招——检测数据类型

如果表中大部分数据类型为任意值，每个都得手动调整，就比较麻烦。可以使用"检测数据类型"命令。在"转换"选项卡中可以找到"检测数据类型"命令，它可以帮我们自动识别数据类型，再逐个检测，如图 3-20 所示。

图 3-20

9．第 9 招——替换

这与在 Excel 中使用 Ctrl + F 组合键查找和替换数据的原理基本一样，比如如果想把咖啡种类由"摩卡"替换为"拿铁"，则可以使用 Power Query 中的替换值功能。同 Excel 一样，它还有一些高级选项，比如常用的单元格匹配，其必须满足整个单元格中的值为"摩卡"，而不是仅包含"摩卡"，如图 3-21 所示。

替换值

在所选列中，将其中的某值用另一个值替换。

要查找的值

摩卡

替换为

拿铁

▲ 高级选项

☐ 单元格匹配

☐ 使用特殊字符替换

插入特殊字符 ▾

确定　　取消

图 3-21

10．第 10 招——填充

在"顾客性别"这一列中，有很多缺失数据，假定下面的行数据与上面一行都是一致的，这时可以利用向下填充功能把数据补全，向上填充也是同样的操作，如图 3-22 和图 3-23 所示。

ABC 123 大杯数量	▾	ABC 123 中杯数量	▾	ABC 123 小杯数量	▾	ABC C 顾客性别	▾
2		2		1		男	
1		1		1		男	
1		2		2		↓	null
2		2		1			null
2		2		1		男	
1		2		2		↓	null
1		2		2		女	
2		2		1		女	
2		2		1		女	
1		1		2			null
2		2		2		↓	null
1		1		2		女	
2		1		1			null
1		1		1			null
2		2		2			null
2		1		1		↓	null
2		2		1		男	

图 3-22

图 3-23

11. 第 11 招——移动列

还可以通过拖曳鼠标移动列的位置，也可以单击鼠标右键，在弹出的快捷菜单中选择相应的命令移动列。Power Query 中的这个功能设计比 Excel 人性化很多，不需要使用剪切、插入等方法移动列，如图 3-24 所示。

大杯数量	ABC 123 中杯数量	顾客性别	←	ABC 顾客性别	
2	2	1		男	
1	1	2		男	
1	2	2		男	
2	2	1		男	
2	2	1		男	
2	2	1		男	
2	1	2		男	
1	2	1		女	
1	2	2		女	
2	2	1		女	
1	1	2		女	
2	2	1		女	
1	1	2		女	
1	1	2		女	
2	2	2		女	
2	1	1		女	
2	2	1		男	
2	1	2		男	
2	1	2		男	

图 3-24

12. 第 12 招——拆分列

这一招也与 Excel 里的功能类似，下面使用"拆分"命令把"城市"与"咖啡种类"字段拆开。在 Power Query 中，拆分功能很多，有按分隔符、按字符数、按位置、按大小写转换、按数字非数字转换等，如图 3-25 所示。

图 3-25

你会发现 Power Query 很智能，当你选择此功能后，Power Query 可以自动识别出你想要使用的拆分分隔符（图 3-26 中的"-"符号是自动出现的）。

图 3-26

单击"确定"按钮后，拆分好的两列就生成了，如图 3-27 所示。

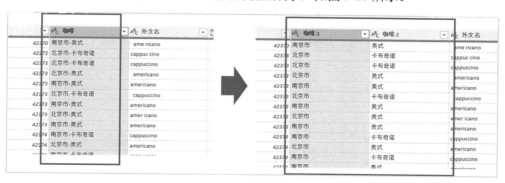

图 3-27

13．第 13 招——重命名列

重命名列极其简单，双击列名称就可以将其更改。比如将上面拆分后的两列更名为"城市"和"咖啡种类"。第一列（获取的文件的名）更名为"报表日期"，以便后面提取日期时使用，如图 3-28 所示。

	报表日期		订单编号		日期
1	案例数据2017年1月31日.xlsx		2000001		
2	案例数据2017年1月31日.xlsx		2000002		
3	案例数据2017年1月31日.xlsx		2000003		
4	案例数据2017年1月31日.xlsx		2000004		
5	案例数据2017年1月31日.xlsx		2000005		
6	案例数据2017年1月31日.xlsx		2000007		
7	案例数据2017年1月31日.xlsx		2000008		
8	案例数据2017年1月31日.xlsx		2000009		
9	案例数据2017年1月31日.xlsx		2000010		
10	案例数据2017年1月31日.xlsx		2000011		
11	案例数据2017年1月31日.xlsx		2000018		

图 3-28

14．第 14 招——提取

针对"报表日期"列，使用"提取"命令可以提取出报表名称分隔符"."前面的文本，再配合使用第 12 招的按字符数拆分功能，即可获得日期的信息，如图 3-29 所示。

图 3-29

15．第 15 招——格式修整

使用"转换"选项卡中的"格式"命令可以编辑文本格式。例如在图 3-30 所示的"外文名"列中，文本的前面或后面有空格，可以通过选择"修整"命令来剔除。

图 3-30

对于文本中间的空格，可以利用前面学到的"替换值"命令进行替换。

16．第 16 招——设置字母的大小写

同样，在"格式"命令中还可以对字母进行首字母大写、大小写互换等操作，如图 3-31 所示。

图 3-31

17．第 17 招——排序

通过"筛选"按钮可以实现让数据由大到小或者由小到大排列，如图 3-32 所示。

日期	ABC 123 订单编号	ABC 123 日期	ABC 咖啡.1
2017/6/30	2000159	42524	石家庄市
2017/6/30	2000158	42524	天津市
2017/6/30	2000157	42524	常州市
2017/6/30	2000156	42541	常州市
2017/6/30	2000155	42541	石家庄市
2017/6/30	2000154	42541	诸暨市
2017/6/30	2000153	42541	石家庄市
2017/6/30	2000152	42541	石家庄市
2017/6/30	2000151	42541	天津市
2017/6/30	2000150	42541	大连市

图 3-32

讲到这里，先暂停一下，前面介绍的这 17 招与 Excel 中的操作方式基本一样，只不过很多功能在 Excel 里需要使用公式或者一些技巧才能实现。例如要实现向上填充和向下填充，在 Excel 中要先查找空白项目，然后再输入其上面或下面单元格中的内容，最后通过按 Ctrl+Enter 组合键来实现填充。再比如，要清除单元格中的空格，在 Excel 里面需要使用 Trim 和 Clean 函数。

而 Power Query 的功能设计显然更人性化，在不需要学习任何技巧公式的情况下，仅凭工具面板就可以完成。不过只有这些功能还不能够带来让人惊艳的体验。Power Query 最惊艳的地方其实是其右边栏中的"应用的步骤"面板，前面的 17 个小操作都会被一一记录在这个面板中，如图 3-33 所示。

图 3-33

此功能的好处主要有 4 点：

（1）我们可以修改之前的操作，其中带有设置标记（⚙）的，都是可以更改的。

（2）我们可以删除某一个步骤。单击步骤旁边的"×"按钮，就可以删除该步骤。而在 Excel 中，只能按 Ctrl+Z 组合键撤销。

（3）我们甚至还可以移动步骤，互换顺序。在进行这个操作时，需要注意前后操作可能出现的冲突，比如先修改了某列的格式，然后又删除了这一列，现在调换了前后顺序，也就是先把该列删除，再执行修改格式时就找不到这一列了，这个时候系统就会报错。

（4）最后一点，也是最重要的，这个"应用的步骤"面板就好像一个机器人，复制了我们的操作，当我们更新数据后，只需要单击"刷新"按钮，所有的步骤都会从头到尾全自动化地操作一遍，不再需要我们做重复的工作了。这个功能类似 Excel 中的记录宏功能。如果你使用过记录宏功能，那么再来对比一下此功能，你会感到操作一下子简化很多。

下面继续学习 Powre Query 的"工具"选项卡中一些更强大的新功能。

18．第 18 招——逆透视，这是一个非常大的招

很多做数据分析的人都会遇到二维表。什么是二维表？它就好比使用数据透视表功能执行透视后的一张表，我们的案例数据其实就有二维表的成分，比如有大杯、中杯、小杯型这 3 列数据，它带来的麻烦是当我们使用这张表做数据透视表时，想要计算总量，就要分别计算大杯、中杯、小杯的值，非常不便，如图 3-34 所示。

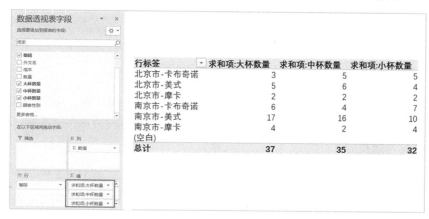

图 3-34

那么一维表是什么样的？如图 3-35 所示，其他的数据不变，二维表中的列标题"杯型"将作为一维表中"杯型"列的行值。

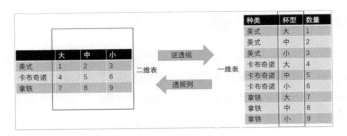

图 3-35

这个时候再做数据透视表就方便多了，只需要把"杯型"字段拖入列区域中，按照"杯型"来筛选即可，如图 3-36 所示。

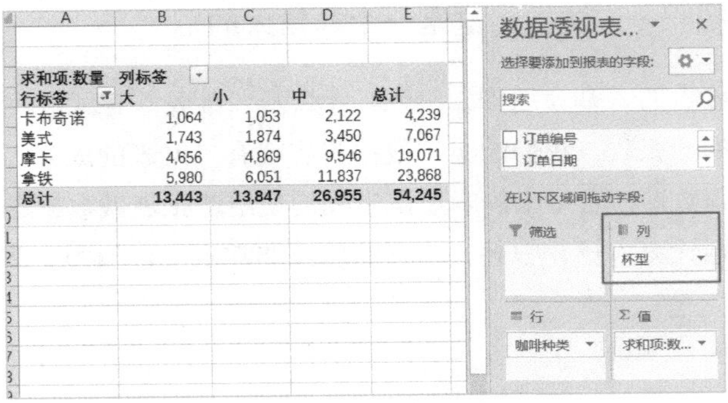

图 3-36

所以，当我们拿到一张数据表时，首先要看一下它是不是一张二维表，如果是二维表，则先要把它转换成一维表。二维表转换成一维表的过程被称作逆透视，而反向的操作被称作透视列。

在 Power BI 中如何进行逆透视呢？例如如图 3-36 所示，选中"大""中""小"这 3 列，然后单击"转换"选项卡中的"逆透视列"命令，如图 3-37 所示，并对列的名称进行编辑，此时一维表就转换完成了。

图 3-37

透视列就是反过来操作，选中"杯型"列，单击"透视列"命令，之后一维表就恢复成原来的二维表了。

很多人在学习了逆透视后，对一维表与二维表转换的逻辑仍然感到很抽象。其实只需要记住逆透视是把表中的列转换成了值，而透视列是把值变成了列就行了。

再次强调一下，这是本书介绍的数据清洗 30 招中的一大招，如果没有 Power Query 的逆透视功能，那么你很难想象需要多少人工操作才能把二维表转换成一维表。

从第 19 招开始会介绍"添加列"选项卡，此选项卡下面其实有很多像针对文本的拆分列、提取、数字计算等与"转换"选项卡中重复的功能，区别在于"添加列"选项卡是在保持原列不变的情况下添加一个新列。对于这些重复功能这里就不反复提及了。

19．第 19 招——条件列

"条件列"命令是一个与 Excel 中的 If 函数功能类似的编辑方法，如图 3-38 所示，只不过使用此功能不需要写公式。

图 3-38

例如要把数据分为 3 个区间：1~5、6~10，以及>10，在"添加条件列"对话框中设置即可，如图 3-39 所示。

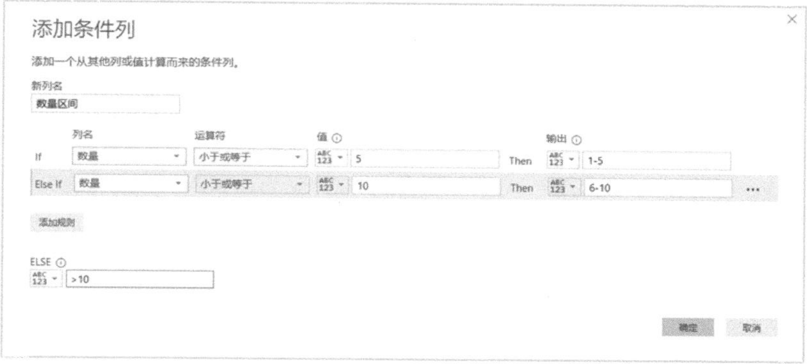

图 3-39

使用这种方法的好处是我们能够更清楚地设置条件，避免使用 If 函数时经常会遇到括号嵌套括号的情况，最后可能连我们自己都分不清嵌套了几层"外套"。

20．第 20 招——索引列

添加索引列即添加一个从 0 或者 1 开头的序号列，如图 3-40 所示。虽然添加索引列操作简单，但不要小看了这个索引列，在后期的建模分析中，可以利用它来排序或者帮助我们定位到想要的行。

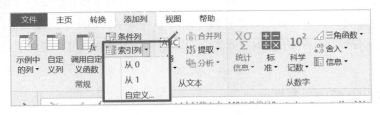

图 3-40

21．第 21 招——重复列

重复列就是复制一个列，这个功能不需要多做介绍了。

22．第 22 招——数字计算

数字计算是针对数字类型的列，可以实现+、-、*、/运算，取绝对值以及求平方运算，还可以做四舍五入运算等，如图 3-41 所示。有了这些功能我们不用 Excel 中的公式就能够完成基本的数字计算工作了。

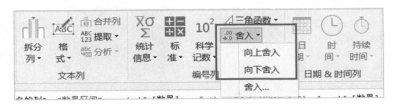

图 3-41

23．第 23 招——日期

如图 3-42 所示，"日期"列中的日期格式很特殊，我们可以按年、月、日不同的颗粒度去组合定义时间，比如提取出年份、月份等。

图 3-42

24．第 24 招——示例中的列

"示例中的列"是一个智能功能，可以让我们来写答案，然后让 Power BI 来解决后台操作的问题，如图 3-43 所示。

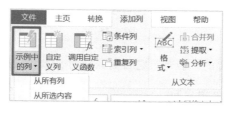

图 3-43

比如选择图 3-44 中的"城市"列，如果想要提取出"市"这个字前面的词，则先要在"属于城市"列的第一行里输入"石家庄"，然后会看到整个列都出现了想要的结果。

具体是怎么实现的？可以参看图 3-44 中系统所提示的这个公式，其中 Text.BeforeDelimiter 的意思是把"市"这个字作为分隔符来提取其前面的文本内容。同理，要提取图 3-44 中"日期"列中的数据，操作也是一样的，在"日期"列的第 1 行中输入代表日的数字"3"，则其他行中所有代表日的数字都被提取出来了，如图 3-45 所示。

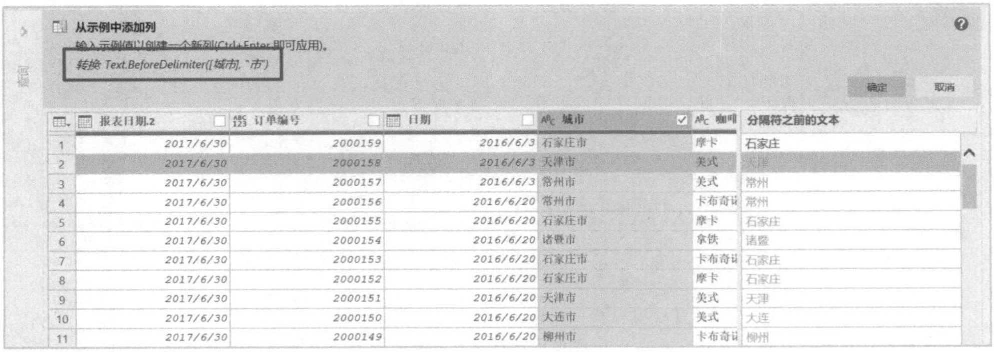

图 3-44

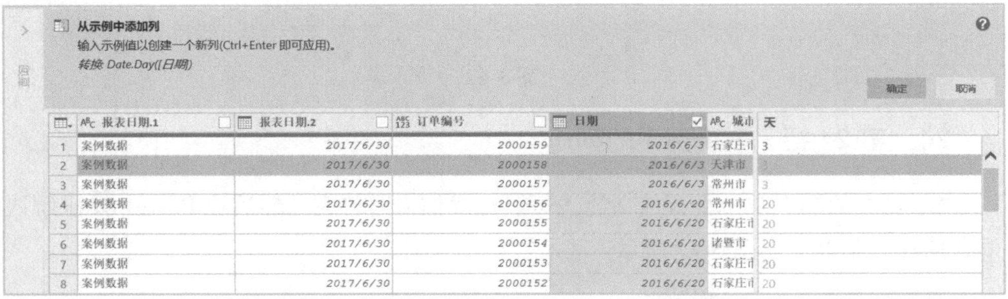

图 3-45

这个功能还是很不错的。但是，它目前只能对文本和日期格式进行这样的操作。

25．第 25 招——自定义列

如果"添加列"功能不能满足我们的需求，那么还可以通过自定义列的方式来实现。比如建立一个年份和月份列，将文本放入引号""中并且用"&"符号来连接（注意，要先把数据中的"Year"和"Month"列设为文本格式才能与其他文本连接）。自定义列与数字也可以做+、-、*、/运算，比如添加一列并输入公式：=[成本]*2，如图3-46 所示。

到这里已经介绍了 25 种数据清洗方法，这些都是很常用的功能，读者不需要死记硬背，只要上手操作一遍，知道它们的存在即可，当你需要时能在选项卡中即可找到。

图 3-46

此外，在"转换"选项卡中还有 4 个小功能，如图 3-47 所示，为了不影响案例数据的连贯性，下面将它们挑出来单独介绍。

图 3-47

26．第 26 招——转置

转置就是把行变成列，列变成行，进行行列互换，如图 3-48 所示。

图 3-48

27．第 27 招——反转行

反转行其实是把行的顺序颠倒，将最后一行变为第一行。例如，有时候我们只想保留每位顾客最近一次的购买记录，则可以先反转行，再删除重复项来实现。

28．第 28 招——对行进行计数

对行进行计数是计算表中有多少行，任意选中一列，单击该功能即可得到结果，如图 3-49 所示。

图 3-49

29．第 29 招——分组依据

"分组依据"这个功能就好像将数据做成一张数据透视表，比如以"咖啡种类"为依据分组，计算这几个分组的对应行数，如图 3-50 所示，结果如图 3-51 所示。

图 3-50

图 3-51

其实"对行进行计数"和"分组依据"这两个功能并不是用于数据清洗，而是用于数据分析，所以说 Power Query 不仅有数据清洗功能，同时也植入了一定的数据分析工具。这部分功能与 Power Pivot（数据建模）中的功能有一些重叠。在大部分实践应用中，我还是非常倾向使用 Power Query 做数据处理，使用 Power Pivot 做数据分析，将这两个功能独立分开使用。所以，Power Query 的这两个功能基本很少会用到。

30．第 30 招——复制

对于复制查询功能，在一般情况下大多数人可能不会用到，但是当有特别需求时，使用它会非常方便。在表中单击鼠标右键，在弹出的快捷菜单中选择"复制"和"粘贴"命令，即可复制出整张表，如图 3-52 所示。

图 3-52

如果仅想复制表中的某一列，则可以选中该列并单击鼠标右键，在弹出的快捷菜单中选择"作为新查询添加"—"到表"命令，即可把该列转化为一张新的查询表，如图 3-53 所示。

图 3-53

　　Power Query 的数据清洗 30 招已经介绍完了，这些把数据更改、变形的方法基本能够应付大部分数据清洗工作的需求。当然在 Power Query 选项卡中也可能有一些很小的细节本书没有覆盖到，但当你体验过这 30 个功能后，对于 Power Query 其他选项卡中的功能和 Power BI 每个月更新的一些功能，相信你很快就会上手了。

　　经过前面 30 个操作后，数据已经被修剪得干干净净了，现在可以利用第 1 章介绍的可视化知识简单制作几张图表，在其中添加日期筛选器，卡片使用"销售量"度量值和另一个度量值"门店数量"，然后添加一个销售量分布柱形图（按报表日期和咖啡种类），以及销售量分布环形图（按杯型和按顾客性别），如图 3-54 所示。

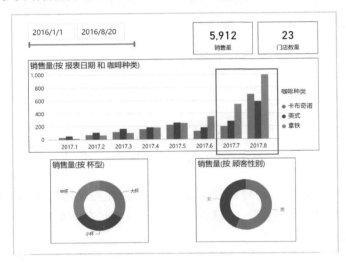

图 3-54

　　最关键的是，当我们把 7 月和 8 月的数据文件加入文件夹中，单击"刷新"按钮后，这两个月的数据就瞬间被添加进来了。

3.3　获取数据：从网页和数据库

　　学习完了数据清洗，现在让我们回到数据开始的地方——数据源。下面先介绍一个从网页中提取数据的例子。先找到一个天气网站的网址，比如查询 2017 年 5 月的历史天气（http://tianqi.2345.com/wea_history/54511.htm），如图 3-55 所示。

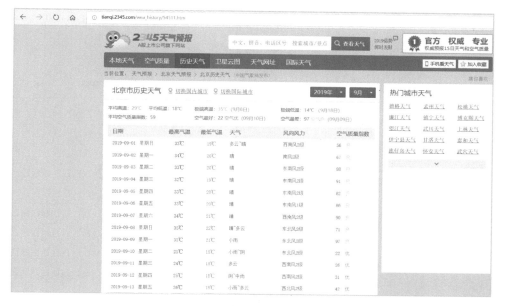

图 3-55

复制该网址，在 Power Query 中选择"获取数据"选项卡中的"从 Web"命令，在打开的对话框中粘贴网址并单击"确定"按钮，如图 3-56 所示。

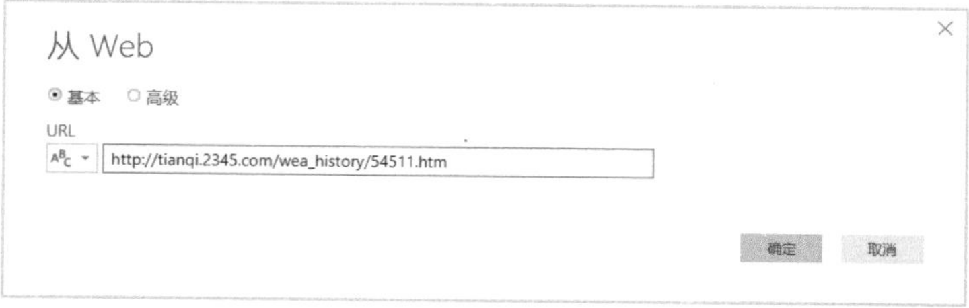

图 3-56

之后会看到该网页中的天气数据被抓取下来了，如图 3-57 所示。

学过了前面的数据清洗 30 招，现在你可以轻松地把最高气温、最低气温的单位符号"℃"拆分并进行重命名等操作，从而得到一张处理后的数据表，如图 3-58 所示。

图 3-57

	日期	最高气温	最低气温	天气	风向风力	空气质量指数
1	2019/9/1	33℃	19℃	多云~晴	西南风2级	56良
2	2019/9/2	34℃	20℃	晴	南风2级	67良
3	2019/9/3	33℃	20℃	晴	东南风2级	88良
4	2019/9/4	32℃	19℃	晴	东南风2级	91良
5	2019/9/5	33℃	20℃	晴	东南风2级	82良
6	2019/9/6	33℃	20℃	晴	东南风1级	86良
7	2019/9/7	34℃	21℃	晴	西南风2级	90良
8	2019/9/8	35℃	22℃	晴~多云	东北风2级	71良
9	2019/9/9	32℃	21℃	小雨	东北风2级	97良
10	2019/9/10	25℃	18℃	小雨~阴	东北风2级	22优
11	2019/9/11	24℃	18℃	多云	西南风2级	26优
12	2019/9/12	25℃	18℃	阴~中雨	西南风2级	31优

图 3-58

基于此数据表，可以简单地绘制一张图表，如图 3-59 所示。这里使用折线图表示最高气温和最低气温。还可以做成水平条形图（其中 Y 轴为天气类型、X 轴为日期，使用默认的计数方式，即计算天数）。当然这两张图表默认是交互的，单击条形图可以实现交互式分析。

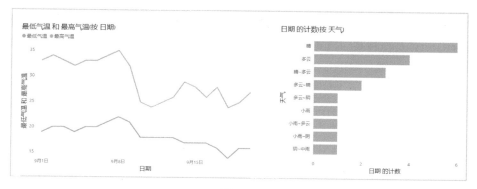

图 3-59

　　这里需要说明的是，不是所有网页中的数据都可以直接获取，这主要取决于网页数据的格式是否以表格形式提供。上面的案例介绍了一种导入数据源的方式，然而在实际的企业内部数据分析中应用不是很多。一般常见的应用场景有：外企的财务部门需要计算汇率，则直接连接人民银行的网站即可更新汇率数据；想要获得股票的价格信息，则可以连接股票网站获取数据，非常方便。

　　企业中最常用的数据源是数据库，Power Query 可以获取市面上大部分可用的数据库厂商的文件。下面以获取时下最先进的 Azure SQL 数据库中的文件来演示，如图 3-60 所示。

图 3-60

先输入服务器和数据库的名称，"数据连接模式"一般选择默认的"导入"模式（DirectQuery 是一种高级模式，可以对接实时的数据，这里就不详细介绍了），如图 3-61 所示。

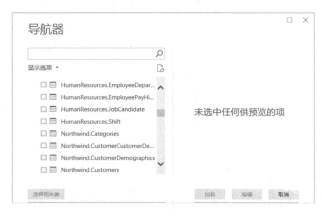

图 3-61

在"高级"选项中，如果有指定的数据想抓取，并且想在数据的源头就限制条件，则可以输入："[Select]选择哪些字段，[From]（哪张表）[Where]（哪里）想要的限定条件有什么"等标准的 SQL 语句，就可以从数据库中抓取数据了，如图 3-62 所示。

图 3-62

导航器会根据我们的权限在该数据库中找到其能够查到的所有表。选择想要导入的表，剩下的工作与前面介绍的数据清洗、分析操作一样，即可对数据进行处理。

对于其他类型的数据库，例如很多企业使用的 MySQL，操作方法类似，如图 3-63 所示。

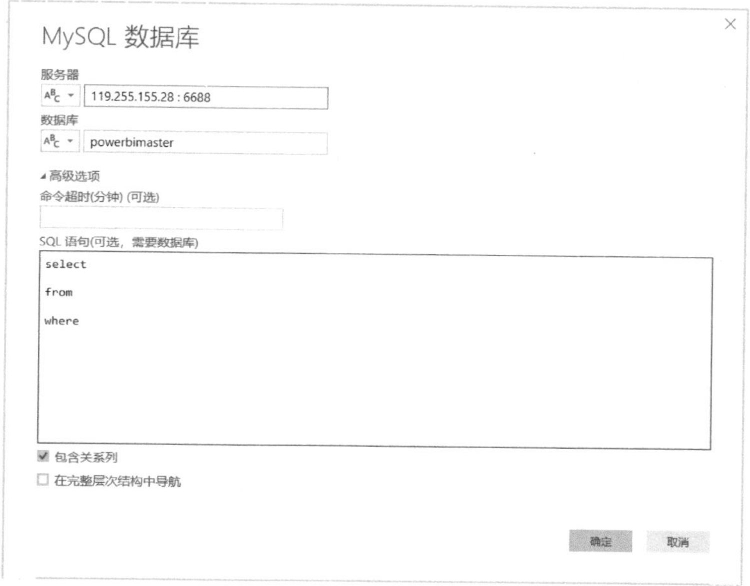

图 3-63

输入 IP、Port、用户名、密码，就可以直接对接公司的数据库了，如图 3-64 所示。

图 3-64

此外需要注意，第一次使用 MySQL 或者其他数据库时，可能需要有对应的插件，Power BI 会提示用户先转到一个网址下载这个插件。

值得说明的是，本书的大部分读者可能并不懂 SQL 语句，我认为，SQL 可能是你绝对不想踏入的领域，对于没有任何 IT 方面基础知识的读者，我也不会建议你去买 SQL 方面的书，因为其大多数功能对于你的本职工作都是没有用武之地的。

但是，SQL 的最基本语句其实非常简单，在网上搜索一下，只花 10 分钟，你就可以从零开始到懂得使用"Select From Where"这种最基本的获取数据的方法。所以，建议你简单学习一下 SQL 语句，如果你很幸运，公司又可以给你开放数据库权限，再加上你懂 Power BI，获取数据后剩下的数据整理、分析工作都由 Power BI 来完成，那么你的分析效率将有飞跃性的提高。因为你可以直接从数据源中提取数据，不需要通过其他报表系统绕弯路，而达到这个目标的学习成本仅仅是投入 10 分钟的学习，这个投资回报率绝对非常高。

3.4　追加与合并查询：你还在用 Vlookup 函数吗

多张表的汇总有 3 种基本方式：追加查询、合并查询和合并文件，如图 3-65 所示。不要被这里的"合并"和"追加"给迷惑了，它们的区别只不过是横向操作数据表和纵向操作数据表。下面就一一介绍这 3 种汇总文件的操作方法。

图 3-65

（1）追加查询

追加查询就是把多张表纵向地汇总到一起，比如将不同月份的数据汇总到一起，如图 3-66 所示。

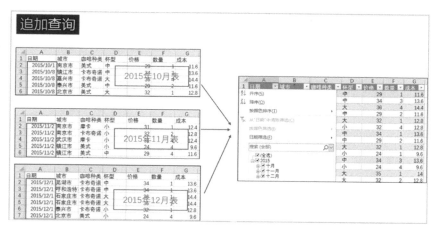

图 3-66

下面仍然使用 3.2 节中的案例数据。把几张表汇总到一起的另一个方法就是将几张表添加到 Power Query 编辑查询器中，如图 3-67 所示。

图 3-67

比如要获取 Excel 文件中 1 月至 3 月的数据，使用"追加查询"命令就可以把这3 张表添加进来（当然，如果这 3 张表作为 3 个 sheet 放在同一个 Excel 文件里，那么添加起来会更方便），如图 3-68 所示。

图 3-68

在"追加查询"命令下有两个子命令：第一个子命令"追加查询"是在当前这张表的基础上追加其他的表；第二个子命令"将查询追加为新查询"是把追加后的结果生成一张新表。这里使用"追加为新查询"命令，添加 1 月至 3 月这 3 张表，单击"确定"按钮后就将这 3 张表汇总到一张新表中了，如图 3-69 所示。

图 3-69

（2）合并查询

合并查询是指横向地汇总多张表，它与 Excel 中的 Vlookup 函数功能类似，也可以称其为"表的扁平化"，即把表横向地拉长、拉扁。这需要两张表之间有相互关联的字段。比如如图 3-70 所示，这里有一张咖啡种类及其对应原材料的表，下面以咖啡种类作为关联字段，在原表上添加原材料的信息。

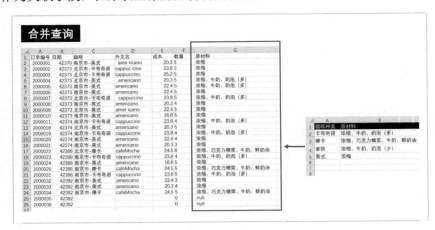

图 3-70

首先，在编辑查询器中获取这张含原材料信息的 Vlookup 表，使用第一行用作标题，并对该表进行简单的格式调整，如图 3-71 所示。

图 3-71

在 1 月的数据表中对"咖啡种类"列进行拆分，使 1 月的数据与该 Vlookup 表有同样的关联字段——"咖啡种类"。单击"合并查询"命令，选中两张表的关联列"咖啡种类"，此时系统已经自动识别出"选定内容匹配了超出前 25 行的 23"，如图 3-72 所示。

图 3-72

再设置联接种类。一般使用默认的"左外部"联接种类。单击"确定"按钮后，在原表的右侧会增加一个新列，单击其右上角的图标，会显示可以扩展的列，在这里

会看到 Vlookup 表中的"咖啡种类"和"原材料"列。因为"咖啡种类"列在左侧的
原表中已经有了，因此可以把它剔除，仅保留"原材料"列，如图 3-73 所示。

图 3-73

之后会看到合并的结果与在 Excel 中使用 Vlookup 函数得到的结果是一样的："原
材料"列被添加了进来。而且该结果有两行空白行与 Vlookup 表没有匹配的字段，这
也是我们想要的结果。原因是左外部联接的含义是以左侧的表为中心来合并匹配的，
左侧的表中有两个空白行，它们都被保留了下来，只不过扩展和合并列没有匹配项，
如图 3-74 所示。

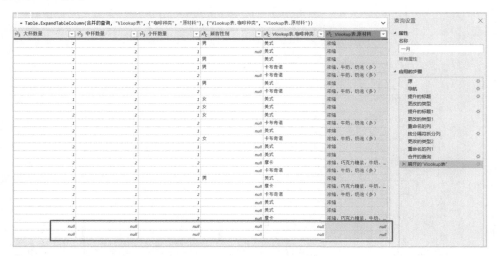

图 3-74

关于联接种类的关系可以参看图 3-75。

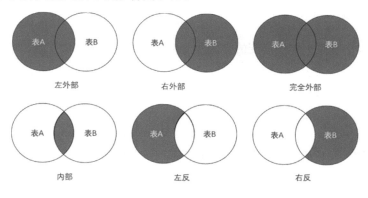

图 3-75

如果选择右外部联接，则我们将看到结果是少了一个空白行，而且保留的空白行也是有数据的，数据是"浓缩、牛奶、奶泡（少）"，在 Vlookup 表中它所对应的是"拿铁"这一行，如图 3-76 所示。

图 3-76

这是因为在左侧的数据表中，"咖啡种类"列里是没有"拿铁"的。也就是说右外部联接是以右侧的这张 Vlookup 表为中心，保留了右侧的这张表中所有的信息，除去了左侧表中的数据。所以结果有 24 行数据，比使用左外部联接少一行，如图 3-77 所示。

图 3-77

同理，完全外部联接的含义是保留两张表中的所有行，左右相互找到匹配行，所以结果将会有 26 行数据。

内部联接的含义是把仅匹配的行保留，可以结果将会保留 23 行数据。

左反联接和右反联接的含义是找到没有匹配的行。比如想反向查询，看看哪些数据在另一张表中不存在，针对这种场景该功能就非常好用了。

如果没有 Power Query，那么你可能要用 Vlookup 或者 Countif 这些 Excel 函数来实现合并查询，而且还要掌握使用公式向左或向右匹配的不同技巧应用，现在你学会了这个功能，仅凭 Power BI 的面板操作就可以实现。

值得一提的是，在 Power BI 中实现 Vlookup 查询效果的操作不止一种，后面介绍的 Power Pivot 的表关联功能和关系函数 Related、Lookupvalue 都可以做到，而 Power Query 的这个合并查询功能是唯一一个不需要任何公式或者关系模型知识的方法。

3.5　多文件合并：复制和粘贴的杀手

对于多文件合并，从严格意义上来讲，它属于一种"追加"查询，即将多个文件纵向地追加汇总到一起。当有多个表存在不同的文件中，而且数量比较多时，可以使用此功能。如果分别导入表，则工作量较大。常见的多文件合并方式有两种，如图 3-78 所示。

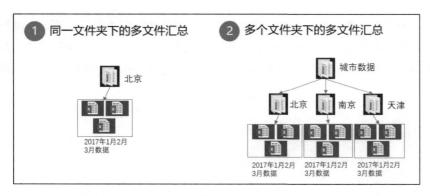

图 3-78

（1）同一文件夹下的多文件汇总。在 3.2 节学习数据清洗第 1 招中用到的获取文件夹下的数据并进行合并和编辑，就属于这种合并文件方式，如图 3-79 所示。

图 3-79

（2）多个文件夹下的文件汇总。其基本操作方法与第一种合并方式是一样的，以总文件夹路径来获取数据，使用组合中的"合并并转换数据"或"合并和加载"功能，把所有的数据都汇总到一张表中，如图 3-80 所示。

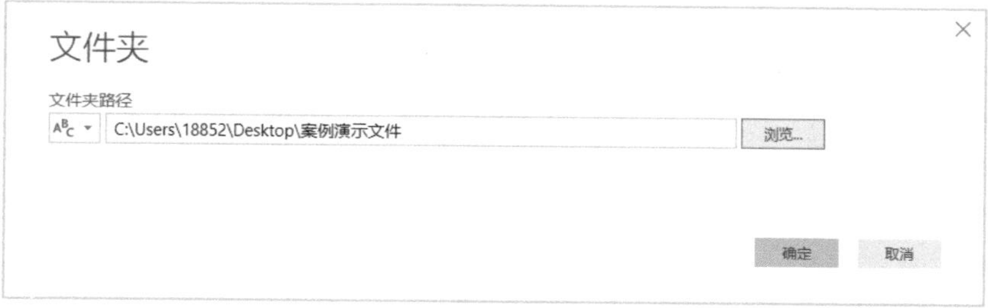

图 3-80

如果不是通过组合中的"合并并转换数据"或"合并和加载"命令来操作，那么也可以先获取文件夹中的文件，再单击"Content"列右上角的图标或者单击"开始"选项卡中的"合并文件"命令，如图 3-81 所示，同样将跳转到"合并文件"对话框中，如图 3-82 所示。

图 3-81

图 3-82

使用该方法后会看到 Power Query 的左边栏中有一系列的查询生成，右边栏的"应用的步骤"中的一系列步骤记录了该方法背后的工作逻辑，如图 3-83 所示。

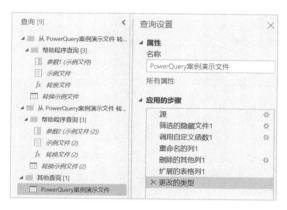

图 3-83

此方法的基本工作逻辑是先把所有的文件内容获取到一张表中，然后重命名列、删除无用的列和扩展指定的内容等。我们也可以通过步骤中的设置标记，对某个步骤做一些自定义改动。比如上面的图例中总文件夹名称是"城市数据"，二级文件夹中有北京、南京、天津等城市的数据。但是使用该方法合并后的表中是不含二级文件夹的名称的。如果想要保留这部分名称，则可以单击"应用的步骤"中"删除的其他列1"后面的设置图标，在弹出的对话框中，选中"Folder Path"选项，即包含了文件的路径信息，这样二级文件夹的文件名就会被保留了。接下来可以通过拆分的方法把文件名提取出来，如图 3-84 所示。

图 3-84

其实，合并文件功能是 Power BI 最近更新的一项功能，在此之前，如果想要实现多文件汇总，则需要通过添加自定义列，即输入公式"=Excel.Workbook（[Content]）"获取信息，再通过单击字段右上方的图标扩展列功能。选择 Name、Data、Folder Path 列，提取关键信息，如图 3-85 所示。

图 3-85

有了合并文件的功能，我们不需要写任何代码就可以完成多文件汇总的工作，这也是 Power BI 未来发展的必然趋势，即让不懂代码的人完成写代码的工作。

3.6　Power Query 与精益管理思想

通过以上的 Power Query 操作实践，读者应该已经掌握了 Power Query 编辑查询器的用法，也能够使用 Power Query 这个自动化工具来解决问题。其实利用工具来提高数据分析效率已经不是一个新话题，在 Power Query 出现之前，常用的方法有 3 种：Excel 公式、VBA 和 SQL。在经典的 Power Query 教材 *M is Data Monkey* 中，曾阐述过这几个工具之间的区别。下面讲讲这几款流行工具的区别，如图 3-86 所示。

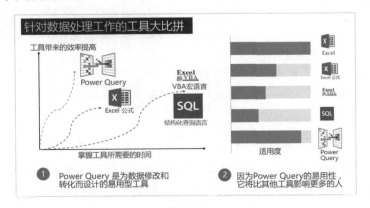

图 3-86

1．Excel 公式

Excel 公式是大部分数据分析者首选的方法，虽然它是首选方法，但由于公式的复杂性，用户需要花费大量的时间学习和操作来提高技能。很多 Excel 的"重度使用者"都有这样的体验：想要完成一个查询或计算时，需要搜索大量的使用技巧和案例，然后再应用到自己的实践中，而过一段时间，对于该方法的使用就忘得一干二净了，遇到同样的问题，还是要先搜索方法并学习。这是因为用户使用公式处理基础数据的知识体系非常散，很多都是绕弯路找窍门。

2．VBA

很多 Excel 的高级玩家都喜欢使用 VBA 来创建程序进行数据处理。不可否认 VBA 很强大，但这只限于高级玩家，掌握这门技术的门槛实在有点儿高。即便你会录制简单的宏，但它需要操作步骤百分之百一样，有一点小小的变化就需要重新更改录制宏。

3．SQL

SQL 是一种强大的计算机语言，特别是在利用它来查询、排序、分组和转化数据时非常有用。然而现实是，SQL 也是一门面向高级玩家的语言，往往是从事数据库职业人士的专用工具。

4．Power Query

Power Query 与以上这三者又是什么关系？Power Query 既不是公式，也不是一门语言，可以算作一个工具插件或者一个模块。它把我们常用的提取、清洗、加载数据等功能制作成了傻瓜化的界面，让不懂计算机编程语言的人也能够非常快速地完成数据处理工作。即使对于精通计算机编程语言的人，Power Query 也是一个让其欲罢不能的工具。

所以，综合以上的分析来看，Power Query 相对其他工具来说，其最大的优势是学习成本低，上手极其容易。因此，Power Query 的影响力和受众人群也会远高于前三者。当然，这个比较不是为了说明 Power Query 就一定比其他工具好，每种工具都有其优缺点和适用条件。因为大多数读者都是非 IT 专业出身，而且没有足够的时间和精力去学习一门计算机编程语言，在这种情况下，Power Query 将是大多数人的最佳工具选择。

需要特别说明的是，本书的讲解从开始到现在没有任何代码操作，这也是本书的设计初衷。其实，Power Query 为专业人士提供了更深入的研究内容，在高级编辑器中会看到所有的操作背后的语句是怎么写的，如图 3-87 和图 3-88 所示。

图 3-87

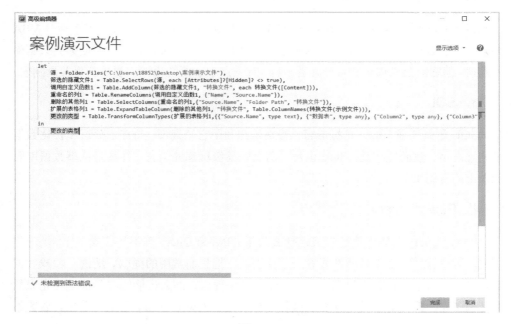

图 3-88

图 3-88 所示的语句涉及一门语言——M 语言，包括在 Power Query 中添加自定义列的时候，等号后面输入的公式都属于 M 语言范畴。Power Pivot 中的 DAX 公式和传统的 Excel 公式是不相通的。M 语言其实类似于 SQL、VBA，每种工具都有其适用的场景和适用的人群。如果你从事重业务的分析工作，而非 IT 数据建设方面的工作，那么我建议你跳过 M 语言的学习，先把仅有的和能够投入的学习时间放在 DAX 公式的学习上，那才是 Power BI 的灵魂。关于两者的详细区别，可以阅读 3.7 节。

在本节的最后，我想再将本节的内容上升一个高度。借助 Power Query 可以提高数据分析工作效率，这是生产力工具带来的价值。然而，想要改善工作效率，还有很多其他影响因素，比如你的老板是否支持这项变革，你的工作流程是如何设计和优化的，这时候你更需要的是具有管理思想帮助你思考。

有一个词叫作"精益管理"，英文是 LEAN，精益管理思想叫作 LEAN Thinking。这个思想起源于第二次世界大战结束后的不久。那时在汽车工业中，统治世界的生产模式是以美国福特汽车公司为代表的大批量生产方式，这种生产方式以流水线形式少品种、大批量地生产产品。在当时，大批量生产方式即代表了先进的管理思想与方法，大量的专用设备、专业化的大批量生产是降低成本，提高生产率的主要方式，如图 3-89 所示。

图 3-89

然而，与处于绝对优势的美国汽车工业相比，日本汽车工业则处于相对初级的阶段，丰田汽车公司从成立到 1950 年这十几年的总产量甚至不及福特汽车公司 1950 年一天的产量。日本派出了大量人员前往美国考察。丰田汽车公司在参观美国的几大汽车公司并经过一系列的考察研究后，认为在日本采用大批量、少品种的生产方式是不可取的，而应考虑一种更能适应日本市场需求的生产组织策略。

于是，丰田汽车公司的精益生产创始者们，在不断探索之后，终于找到了一套适合日本国情的汽车生产方式。简单地讲，这种生产方式创立了独特的多品种、小批量、高质量和低消耗的精益生产方法。由于市场环境发生变化，大批量生产所具有的弱点日趋明显，而丰田汽车公司的业绩却开始上升，与其他汽车制造企业的距离越来越大，精益生产方式开始为世人所瞩目。这个精益思想也成了管理学中的经典。

数据分析工作也是一条流水线,在第 1 章中曾把 Power BI 进行数据分析的过程比作烹饪的三部曲,从食材开始,经过清洗、整理、烹饪,再到一盘色香味俱全的菜,你会发现这套工作是非常流程化的。Power Query 解决的工作是切菜、洗菜这些最简单的工作,这部分工作最烦琐,价值也最低,却往往花的时间最长,甚至造成后面工作的等待。而且我们对数据分析的需求往往是多变的,根据业务的情况来发掘不同的问题,同时回答这些问题需要很快的反应速度。传统的业务人员提需求,IT 研发人员来解决的方法存在很多弊端,如沟通成本太大、交付时间太长等,很难达到敏捷反应的效果。这些问题正好类似当年丰田汽车公司所面临的,能否找到一种多品种、小批量、高质量和低消耗的生产方式?而精益思想在数据分析工作中可以起到非常好的借鉴意义。

精益思想的核心就是 Doing Less is More,也就是消除浪费,以较少的投入(较少的人力、较短的时间)创造出尽可能多的价值。如何把这个思想应用到实践工作中?精益思想包括五项原则,下面分别来讲讲它们的含义,如图 3-90 所示。

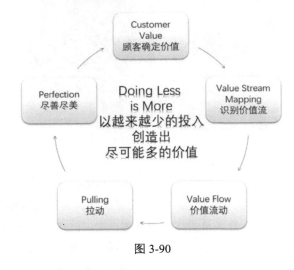

图 3-90

1. 顾客确定价值(Customer Value)

要先知道顾客想要什么,再开始生产,这也是以结果为出发点的思想。在史蒂芬·柯维的《高效人士的七个习惯》一书中,其中的第二个习惯就是"以终为始"(Beigin with the End in Mind)。换句话说,要先想清楚了目标(数据分析最终要回答的问题是什么?要展示给读者什么样的信息?)再去付诸行动建立模型和使用工具,否则你将误入歧途，白费工夫。

2．识别价值流（Value Stream Mapping）

确定了目标，再来弄清楚现在工作的流程是什么，这是做流程优化的前提。可以画一张工作流程图，把工作中的每个点都描述出来（见图 3-91），这个点可以是一个部门，一名员工，也可以细化到某一个工作，如果是跨部门或者多名员工的点，则在这个流程中特别要推敲的是交接点的地方，这里往往存在更多的浪费。最后再细化这个操作点，比如在 Power Query 侧边栏中显示的应用步骤，它也是一个工作流，每一条其实都可以看作一个点。

图 3-91

3．价值流动（Value Flow）

价值的流动体现在动，而且是快速地流动。比如在前面介绍的数据分析的流程中，其中有一些工作是附加值低，但会占用 80% 的时间，有一些工作附加值高，仅占用 20% 的时间。这就会把工作都堆积在前面，造成工作流进展得很慢。要识别工作流中流动慢的点，打破瓶颈，消除浪费，如图 3-92 所示。

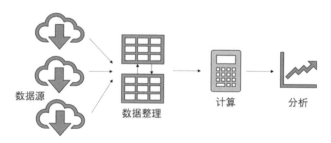

图 3-92

4．拉动（Pulling）

这里的拉动指拉动式生产，与它相反的一个词是推动（Pushing）。推动式生产是计划部门根据市场需求确定投入产出计划。而拉动式生产则是实现按需生产，比如模型搭建好后，可以应对各种维度的分析需求，我们不需要准备大量的报表，而是听顾客、数据的读者问什么问题，想要知道什么，再开始以最快的速度做出反应，回答相应的问题。利用 PowerBI 可以让我们实现 JIT（Just in time）及时生产避免库存浪费。

5．尽善尽美（Perfection）

尽善尽美就是续地提高，即不断发现浪费或可以改善的环节并改进。

讲完这 5 项原则，我想读者应该已经明白为什么要在这里介绍精益管理思想了，以上仅仅是浅谈精益思管理想的应用，其中提到的这些关键词都是前人历经数十年的考察和总结得到的精华，也是管理思想里面的经典内容。Power Query 能够解决高重复性工作且可以使工作流程化、标准化，带着精益思想去解决工作中的问题，你会站得更高，看得更远。

3.7　Power BI 的 M 语言与 DAX 语言之争

到这里读者已经体验了用 DAX 语言写度量值，也了解使用高级编辑器可以写 M 公式实现高级的数据清洗"。但是很多人都会有这类问题：M 语言是什么？DAX 语言又是什么？它们有什么区别？哪个更好用？哪个更难学？我应该学哪个？为什么？所以在进入下一章开启数据建模学习之前，先把这些问题的答案一一弄清楚。

曾经有一位读者在我的公众号中提出一个问题，我写了一个 M 公式发给她，来回几次都没有解决，最后发现她竟然把 DAX 公式写在了 Power Query 的编辑查询器里！我也是五十步笑百步，因为我也犯过同样的错误！我想告诉她没关系，自学成材注定要不断试错，而这些试错都会让你更深刻地认识一个知识点。

无论设计 M 语言和 DAX 语言的初衷和用途是什么，在同一个工具里要用到两种不同的语言真让人有点精神分裂。我们只能接受这个事实，并且要知道 Power Query 的编辑查询器中用的是 M 语言，新建度量值和列用到的是 DAX 语言，那么这个"小坑"就可以避过去了。

为什么会掉入这个"坑"？一般使用 Power BI 做数据分析的流程是：用 Power Query 查询整理数据→用 Power Pivot 进行数据建模→用 Power View 进行数据可视化，其实无论用什么工具做数据分析，都是按照这个顺序，所以，很有可能你见到的第一个写公式的地方是 Power Query，而不是 Power Pivot。

1．M 语言与 DAX 语言

从功能的角度来看，利用 Power BI 的这 3 个模块（Power Query+Power Pivot+Power View）进行数据分析的过程就好比烹饪，Power Query 是获取食材、洗菜、切菜；Power Pivot 是烹饪；Power View 是将菜摆盘。M 语言是在 Power Query 中使用，DAX 语言是在 Power Pivot 中使用，所以如果你想问 M 语言和 DAX 语言哪个更好，就好像在问洗菜和切菜重要，还是烹饪更重要。答案很简单，虽然烹饪的技术含量更高，但如果原材料不新鲜、不干净，那么再牛的大厨也做不出健康的美味。不过我们也需要认清一个残酷的现实：洗菜工往往没有厨师赚钱。

2．为什么说 DAX 语言才是 Power BI 的灵魂

"如果一件事情，你不能度量它，就不能增长它。"从这句经典的名言以及时下流行的增长黑客概念中，都可以看出度量的重要性。写度量值用的是什么语言？DAX 语言！把度量值称为 Excel 在 20 年中最好的发明并不是没有道理。

3．M 语言和 DAX 语言哪个更难学

如图 3-93 所示，这是用 M 语言写的公式。对于一个没写过代码的人，可能会觉得有点难。

如图 3-94 所示，这是用 DAX 语言写的公式，是否有点似曾相识？但它与 Excel 公式还是有一定差别的。

M 语言和 DAX 语言都是计算机语言，但对于 DAX 语言，确切地说它类似 Excel 公式。对于懂代码的人，可能对 M 语言上手更快；对于像我这样仅有 Excel 公式基础的人，可能对 DAX 语言的表达方式更容易理解。而且这也是因人而异，很多人都说 DAX 语言难理解，我却享受于结合业务逻辑写度量值的思考过程，反而对 M 语言怀揣敬畏之心。

图 3-93

图 3-94

4．应该学习哪个

其实这个问题是对上面 3 个问题的回答，读者可以自行得出适合自己的结论。Power BI"祖师爷级别"的人物 Rob Collie 写过一篇文章 *M/Power Query "Set Up"DAX, so learn DAX（and modeling）first*，翻译成中文就是《M/Power Query "坑了"DAX，所以先学习 DAX（和数据建模）》。对于这篇稍有火药味的文章，Rob 也做出了一些特别声明，并给出了"二八原则"，意思是 80%的时间使用 DAX 公式，20%的时间使用 Power Query 和 M 语言是掌握 Power BI 后的理想时间分配。

M 语言是一个强大的工具，就如同变形金刚，我非常羡慕那些掌握 M 语言的"大神"在弹指之间就把一张丑陋的数据表变成了整齐的数据表。所以，如果你的数据源很杂乱，那么 M 语言会有不可替代的价值。然而，在现实中，很多 Excel 用户接触的数据源并没有那么糟糕。从 ERP 系统或者从数据库中导出的数据往往是规范的。可能需要做一些拆分和格式调整等工作，通过 Power Query 的编辑查询器面板上的工具完全可以满足，在 3.2 节介绍的去重、拆分、提取、逆透视等是完全不需要使用代码来执行的。还有一些功能，比如图 3-95 所示的列，只要输入你想要的结果，Power BI 就智能地给出答案。而且微软每个月对 Power BI 还会持续地上线新功能。

图 3-95

M 语言的神奇之处是帮我们解决了低附加值但往往投入时间最多的工作，而 DAX 语言的伟大之处是不仅帮我们省去很多时间，它还是我们决策的依据，能够给我们的业务带来变革，实现数据驱动业务增长。

所以，对于 M 语言和 DAX 语言，并没有哪个更好一说，因为我们都是在百忙之中抱着上进的心态来学习一门让人刮目相看的技能。此节内容是帮助读者思考怎样分配学习时间，避免花了大量的时间却没有体验到 Power BI 的精髓。

第 4 章

数据建模：Power Pivot 与 DAX 语言

你知道，有些鸟儿是注定不会被关在牢笼里的，它们的每一片羽毛都闪耀着自由的光辉。

——《肖申克的救赎》

4.1　基本概念：度量的力量

学完了数据可视化和数据查询的内容后，相信读者已经可以制作出一些炫酷的数据分析报告了。但是，你需要知道的是，作为一个数据分析工具，可视化和数据查询只是 Power BI 20% 的功能，而 Power Pivot 和 DAX 语言才是 Power BI 的核心和灵魂。

再次引用管理学大师德鲁克的话："如果一件事情，你不能度量它，你就不能增长它"。还有时下流行的"增长黑客"概念（依靠技术和数据的力量来达成各种营销目标），都透露着数据化运营的目标是增长，而实现增长的落脚点就在于度量。

可视化是数据的展现形式，数据查询是对基础数据的处理，而数据建模才可以算作真正意义的度量。当你的老板想要知道哪个渠道的客户在过去的 80 天里流失最快，哪条业务线在上个季度的利润率最高，哪个产品的收益最好时，在 Power BI 中回答这些多维度分析问题的方法就是运用 Power Pivot 进行建模分析，用 DAX 语言来写度量值。

如果把 Power BI 的 3 个模块比作烹饪的过程，那么 Power Pivot 就是最具有技术含量的烹饪步骤，也是决定你是否能够晋升为大厨的关键，如图 4-1 所示。站得高才看得远，当你完成了 Power Pivot 的学习，你将站在 Excel 这个巨人的肩膀上。

数据源　　　① 数据整理　　　② 数据建模　　　③ 数据可视化
　　　　　　　 Power Query　　　 Power Pivot　　　 Power View

图 4-1

对于 Power Pivot 和 DAX 的学习，本书同样采用理论与实践相结合的方式。在接下来的学习中，首先以数据建模的基本概念开始，让读者学会怎样建立关系模型，认识 Power Pivot 与 Pivot 的差别，以及度量值与计算列的知识。有了这些基础概念知识作为铺垫，就可以系统地学习 DAX 语言知识了。

DAX 公式同 Excel 公式一样，公式繁多得可以编成一部字典，我们不可能在一夜之间把这本字典背下来，在这种情况下教会读者原理尤为重要，所以本章会穿插讲解 DAX 公式的工作原理。把原理和公式相结合，就好像我们刚开始学 Excel 公式中的 Sum、If、Vlookup 等函数，掌握它们其实并不难，一个新公式+一次实践练习就可以"解锁"一个新技能。而本章介绍的每一个小技能在实际工作中都可能带来颠覆的效果，如图 4-2 所示。

图 4-2

为了更好地学习这些技能，我选取了 DAX 公式中的 24 个核心公式，并且根据它们的使用频率由大到小分成了 3 个阶段。其中入门阶段的函数是最常用、核心的部分，攻克它们便可以制作一些小的数据分析模型；进阶函数学习难度较小，与 Excel 函数很像，可以说是 Excel 函数的扩展；高阶函数学习相对前两个阶段来讲要更难，然而有了前个两阶段的学习基础，它们不过是另一个小山头。

当你完成了这 3 个阶段（从 5.2 节到 7.7 节）共 24 个函数的学习，你就好比掌握了太极拳的 24 个精髓招式，将它们组合起来运用自如后就可以达到以不变应万变的境界。这些公式足以让你应对 80%以上的数据分析需求。授人以鱼，不如授人以渔，对于未覆盖的其他小众公式和技巧，当你完成本书的学习后，你将拥有融会贯通的本领，可以通过阅读各类 Power BI 学习文献，逐步丰富相关知识。

4.2   关系模型：建筑设计师

本节用到的案例文件是与第 2 章中完全相同的咖啡店数据文件。这个数据文件的好处是非常简单、清晰，便于读者学习和理解公式，在你掌握了公式的精髓后，再将其运用到各个场景中就不难了。

不要被"数据建模"这个词吓到，在 Power Pivot 中，做数据建模其实就是识别表的类型和表之间的关系，并按照你的设计来搭建这种关系。进行数据建模的原因很简单：当你面对庞大的数据源和各种报表时，一定要先找到一个切入点，这个切入点就是浏览各个表，知道它们是什么，并给它们进行分类（即分清楚 Lookup 表和数据表）。

这个建模过程在 2.3 节中曾介绍过，如图 4-3 所示。

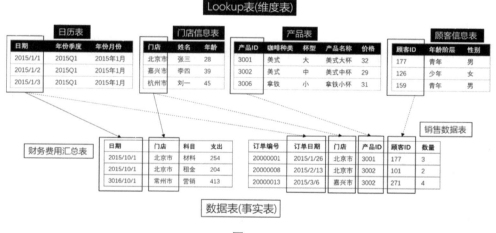

图 4-3

这个建模过程的基本原理是识别表之间的关系，并在 Power BI 的关系视图中通过拖曳字段或者管理关系窗口来建立关联（在阅读下文前，建议翻回到 2.3 节中先复习一下），如图 4-4 所示。

在建模过程中，最重要的是要分请楚 Lookup 表（又叫维度表）和数据表（又叫事实表）的概念，并进行布局设计。一般是 Lookup 表在上，数据表在下。

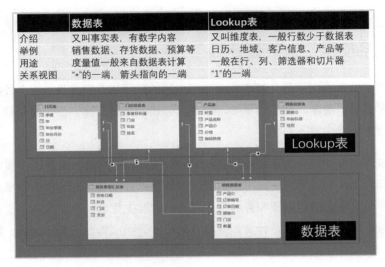

	数据表	Lookup表
介绍	又叫事实表，有数字内容	又叫维度表，一般行数少于数据表
举例	销售数据、存货数据、预算等	日历、地域、客户信息、产品等
用途	度量值一般来自数据表计算	一般在行、列、筛选器和切片器
关系视图	"*"的一端，箭头指向的一端	"1"的一端

图 4-4

经典的关系模型布局模式有两种：星型（Star）布局模式和雪花型（Snowflake）布局模式。

星型布局模式的特点是所有的 Lookup 表都直接与数据表关联，呈现的形状就好像星星，如图 4-5 所示。

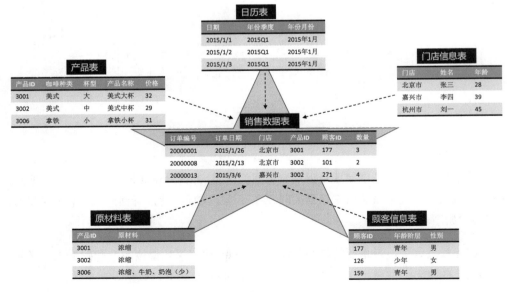

图 4-5

　　雪花型布局模式像雪花一样自中心向外延伸，它的特点是每一个维度都可能串起多个 Lookup 表，如图 4-6 所示。

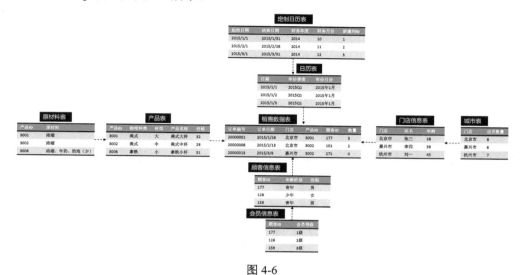

图 4-6

　　这两种布局模式的区别是，星型布局模式只有一层 Lookup 表，而雪花型布局模式有多层 Lookup 表。显然，星型布局模式较为简单且更容易掌控。所以一般建议使用星型布局模式，如果有多张表在一个维度上，则可以想办法把它们合并成一张 Lookup 表来简化结构，如图 4-7 所示。

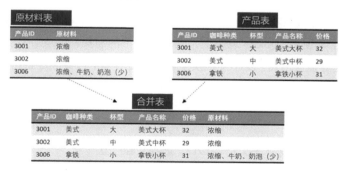

图 4-7

　　星型布局模式属于一种理想化的布局模式，当然在实际中也不可避免地会使用到多层 Lookup 表，原则上这种叠加的多层 Lookup 表尽量不要使用，不得不用时再选择这种布局模式。

　　Lookup 表在上，数据表在下的布局模式，也属于星型布局模式，只不过它定义了表的位置，这种方法是我在 Matt Allington 的书中习得的。使用此方法的好处是它让我们在书写 DAX 公式时具备视觉思维。将 Lookup 表与数据表建立一对多关系，箭头向下，当把 Lookup 表中的列放入数据透视表中（或其他各类可视化图表）时，数据信号就好像水流一样自上而下地流入数据表，对数据表中的数据进行筛选，而且水流是不会逆流而上的。当反过来时，使用数据表中的信息进行筛选来求 Lookup 表中的数据，则数据表不会对 Lookup 表有筛选作用，除非更改箭头的方向或使用特殊公式调整关系，如图 4-8 所示。

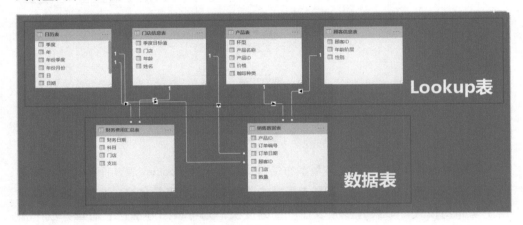

图 4-8

　　关于布局模式的理论来源于数据仓库方法论，这是一个很有技术深度的话题，这里就不去深挖了。使用 Lookup 表在上，数据表在下的布局模式会让你的 Power BI 学习事半功倍。值得强调的是，设计关系模型如同设计建筑，它将决定整座建筑的价值，如果模型设计得好，则后续添砖加瓦的搭建工作就会轻松很多。

4.3　Power Pivot 与 Pivot：超越普通

　　数据建模这个功能模块在 Power BI 中被叫作 Power Pivot，在 Excel 中，Pivot 代表数据透视表，按照同一逻辑翻译，Power Pivot 就是超级强大的数据透视表，它们之间有什么关系呢？

　　为了更好地对比二者的区别，下面先使用传统的方法（使用 Excel）"扁平化"一张表，即把表拉"扁"、拉"长"，将关键信息整合到一张表中。比如在 Excel 中使用 Vlookup 函数通过查询产品表和顾客信息表来添加"咖啡种类""杯型""顾客性别"列，如图 4-9 所示。

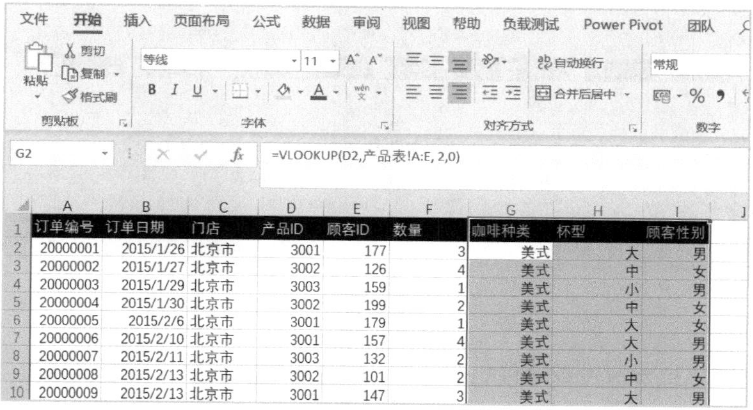

图 4-9

接着在扁平化后的表的基础上生成一张标准的数据透视表，添加筛选器"门店"（各城市名称）和切片器性别（男和女）进行分析，如图 4-10 所示。

图 4-10

对于数据透视表的工作原理，大多数使用过 Excel 的人都知道。比如如图 4-11 所示，其中拿铁中杯对应的输出结果是 11837，数据透视表在后台的运算过程是先在销售数据表中筛选咖啡种类为"拿铁"，杯型为"中杯"的数据，再对数据求和。这里要注意，数据透视表中的"总计"行和"总计"列中的数据是该数据透视表中行数据的总和和列数据的总和（这与后面要讲到的 Power Pivot 原理是不一样的）。

文件　开始　插入　页面布局　公式　数据　审阅　视图　帮助　负载测试　Power Pivot　团队　设计

	A	B	C	D	E	F	G 咖啡种类	H 杯型	I 顾客性别	J
1	订单编号	订单日期	门店	产品ID	顾客ID	数量				
6228	20006227	2016/5/4	常州市	3005	516	4	拿铁	中	女	
6248	20006247	2016/5/5	芜湖市	3005	1574	4	拿铁	中	女	
6271	20006270	2016/5/5	哈尔滨市	3005	2524	4	拿铁	中	女	
6273	20006272	2016/5/6	马鞍山市	3005	2190	4	拿铁	中	男	
6296	20006295	2016/5/6	常州市	3005	534	1	拿铁	中	男	
6300	20006299	2016/5/6	常州市	3005	512	1	拿铁	中	男	
6303	20006302	2016/5/6	襄阳市	3005	2276	3	拿铁	中	男	
6314	20006313	2016/5/6	常州市	3005	523	1	拿铁	中	男	
6315	20006314	2016/5/6	佛山市	3005	2938	1	拿铁	中	女	
6322	20006321	2016/5/6	襄阳市	3005	2234	3	拿铁	中	男	
6331	20006330	2016/5/9	哈尔滨市	3005	2585	2	拿铁	中	女	

图 4-11

　　根据这个模拟运算过程可以想象一下，数据透视表的工作原理就好像使用一个筛选器再加一个计算器。筛选器是位于上方的漏斗，扁平化后的数据表就好比原材料，将其放进漏斗后，按照设定的属性分类（咖啡种类，杯型，门店信息和顾客性别）去筛选。之后筛选结果流入计算器中进行运算（包括求和、计数、平均值等）。生成的数据透视表中的每一个单元格中都是输出值，这些输出值就是在上面筛选条件下进行计算的结果。这是标准的 Pivot 数据透视表工作原理，如图 4-12 所示。

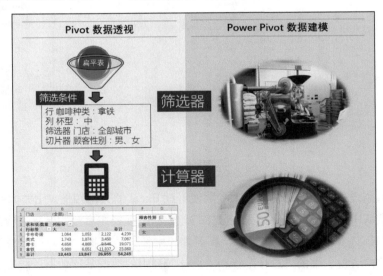

图 4-12

那么 Power Pivot 是什么呢？其实它的本质与数据透视表是一样的，也是筛选器和计算器。只不过它是筛选器和计算器的增强版。

下面介绍在 Power BI 中如何制作图 4-12 所示的这张数据透视表。首先我们不再需要把数据扁平化到一张表中了。在 2.3 节的操作中已经搭建好了关系模型，所以，可以直接在 Power BI 的图表界面中添加一个矩阵表。使用矩阵表是因为它是 Power BI 的可视化图形中与数据透视表功能最相像的表，它与数据透视表一样，要定义行、列和值几个关键信息。请注意，这里的"咖啡种类""杯型"数据使用的都是 Lookup 表中的列，而不是销售数据表中的列，值同样放入"数量"这一列，在计算选项中选择"求和"。此外，也可以自定义筛选，通过切片器按顾客的性别筛选，或者加入日期轴。这样与 Excel 数据透视表结果相同的一张表就做成了，如图 4-13 所示。

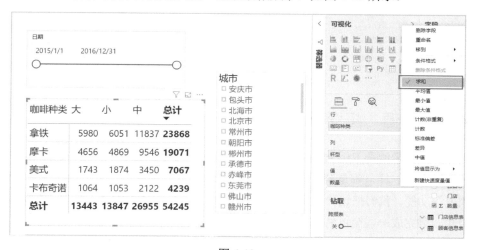

图 4-13

也就是说 Power Pivot 相比 Pivot，最大的特点是我们可以通过搭建好的关系模型，把多张表的数据整合到一个数据透视表中，而不需要用 Vlookup 函数等方法合并表，如图 4-14 所示。

这个例子其实还没有完全体现出 Power Pivot 的最大特点，度量值才是 Power Pivot 中真正的变革者。

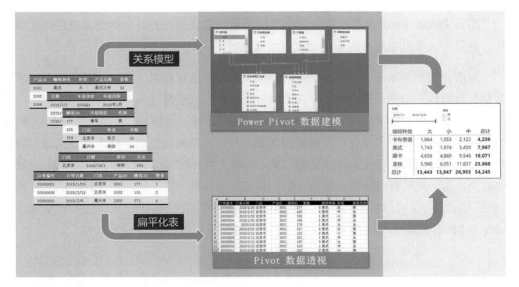

图 4-14

4.4　度量值：将变革进行到底

有人说度量值是 Excel 在 20 年来做得最好的一件事。在 4.3 节制作的矩阵表中，与数据透视表一样，都是利用自带的求和功能来计算得到的，还可以选择求平均值、最大值等功能。我们把这种使用自带计算功能的度量值叫作内隐式度量值，即不用输入公式即可完成一些简单的运算。

然而，对于数据建模的学习者，非常不建议使用这种内隐式度量值。原因主要有以下 4 点。

（1）功能很少，只能简单地求和，求平均值、最大值等，满足不了大多数的需求。

（2）因为内隐，所以要查看这个值的选项才知道其背后是怎样计算的，不直接明确地显示计算逻辑可能会使复杂的数据分析工作出现麻烦。

（3）这不会有助于我们学习 DAX 语言。

（4）虽然 Power BI 中还有一个快速度量功能，可以实现不用代码即可完成更复杂的运算，并且微软也在不断更新进化该功能，但是如果你没有 DAX 的基本知识，那么使用它会非常容易出错。

与内隐式度量值相对的是明确式度量值，比如新建一个度量值：[销售量]=Sum（'销售数据表'[数量]），再把这个度量值放到值区域中与内隐式度量值对比，你会看到两张表的结果是一样的，如图 4-15 所示。

咖啡种类	大	小	中	总计
卡布奇诺	1064	1053	2122	**4239**
美式	1743	1874	3450	**7067**
摩卡	4656	4869	9546	**19071**
拿铁	5980	6051	11837	**23868**
总计	**13443**	**13847**	**26955**	**54245**

咖啡种类	大	小	中	总计
卡布奇诺	1064	1053	2122	**4239**
美式	1743	1874	3450	**7067**
摩卡	4656	4869	9546	**19071**
拿铁	5980	6051	11837	**23868**
总计	**13443**	**13847**	**26955**	**54245**

图 4-15

可这有什么用呢？下面举一个例子来说明：现在想要求单店的平均销售量，即平均每家门店的销售量=销售量/门店的数量。具体步骤如下。

（1）先新建一个度量值：[门店数量]=Distinctcount（'销售数据表'[门店]）。

（2）再建立一个度量值：[单店销售量]=[销售量]/[门店数量]。

（3）把这个度量值：[单店销售量]放入矩阵表的值区域中，你将求得不同咖啡种类，不同杯型的单店销售量。同样，也可以按顾客性别筛选，调整日期区间筛选器，结果都可以瞬间被计算出来，如图 4-16 所示。

图 4-16

其逻辑很简单，本质上与 Excel 的数据透视表是一样的。下面以拿铁中杯咖啡输出的值 227.63 来举例说明：度量值首先识别筛选条件——对于日期、门店、性别是否有筛选限定，再以矩阵表中的行和列的筛选条件来最终锁定计算的范围表，这个范围表就是咖啡种类=拿铁，杯型=中杯。

最后，利用计算器求销售量等于多少，门店数量等于多少，然后将两个结果相除得出单店销售量。需要注意的是，矩阵表中的总计行，比如中杯咖啡的总计 508.58 并不是矩阵表中中杯咖啡销售量的加总求和（即 45.15+73.40+183.58+227.63=529.76）。这里的总计是所有中杯咖啡的销售量除以所有门店数量得出来的结果。从这个逻辑可以看出，使用明确式度量值建立的表中所有的单元格都是独立按照设定的公式计算的，"总计"这个单元格也不例外（这与传统的数据透视表是不同的）。

此外，你会发现度量值还是一个移动的公式，可以任意地与其他不同的维度组合，比如，更换为以年份、季度来计算单店销售量，结果瞬间就生成了（当然，其他的维度如顾客性别、门店等都可以与该度量值进行组合分析），如图 4-17 所示。

年份季度	大	小	中	总计
2015Q1	6.00	5.33	11.33	22.67
2015Q2	35.71	31.14	60.00	126.86
2015Q3	35.75	38.58	73.00	147.33
2015Q4	47.11	43.79	85.21	173.63
2016Q1	36.52	36.07	77.48	146.00
2016Q2	65.55	72.82	133.42	271.79
2016Q3	86.71	90.34	179.46	356.51
2016Q4	98.00	100.02	191.57	387.70
总计	253.64	261.26	508.58	1,023.49

图 4-17

也就是说，这里只创建了一次度量值就可以做到一劳永逸。上面这个求单店销售量的案例是一个非常简单的例子，我们在商业分析中所用到的指标，比如在营销中要计算销售环比增长率、客户流失率；在财务中要计算利润率、资产负债率、存货周转率；在人力资源管理中要计算员工离职率；在生产中要计算出品良率；在金融贷款中要计算逾期率等，基本都可以用度量值来计算完成，并且可以任意地变换维度实现多维度分析。

　　无论是从功能上还是从速度上来说，这些都是使用传统的 Excel 无法完成的，就以分析单店销售量这个非常简单的应用为例，如果使用传统的 Excel，你的做法可能是再做一张数据透视表，求对应的门店数量，那么你遇到的第一个困难就是 Excel 中没有不重复计数的选项，如图 4-18 所示。

图 4-18

　　即使你能够想方设法、不择手段地把不重复计数挑出来，接下来你需要做的是把各产品类别的销售量与门店数量相除，以求得单店销售量，如图 4-19 所示。

| 文件 | 开始 | 插入 | 页面布局 | 公式 | 数据 | 审阅 | 视图 | 帮助 | 负载测试 | Power Pivot | 团队 | 操作说明搜索 |

O5 　=GETPIVOTDATA("数量",A3,"咖啡种类","卡布奇诺","杯型","大")/GETPIVOTDATA("数量",I3,"咖啡种类","卡布奇诺","杯型","大")

	A	B	C	D	E	...	I	J	K	L	M	N	O	P	Q
1	门店	(全部)					门店	(全部)							
2															
3	求和项:数量	列标签					计数项:门店	列标签							
4	行标签	大	小	中	总计		行标签	大	小	中	总计				
5	卡布奇诺	1064	1053	2122	4239		卡布奇诺	533	542	1020	2095		1.996248	1.99624765	1.99624765
6	美式	1743	1874	3450	7067		美式	869	914	1753	3536				
7	摩卡	4656	4869	9546	19071		摩卡	2301	2462	4753	9516				
8	拿铁	5980	6051	11837	23868		拿铁	3000	3039	5982	12021				
9	总计	13443	13847	26955	54245		总计	6703	6957	13508	27168				
10															

顾客性别
男
女

图 4-19

　　如果你想要计算不同日期的销售量，并加入顾客性别、门店等多维度的分析，那么工作量是无法想象的。此外，你可能又会联想到在 Excel 中还有一个计算字段功能，可以使用它可以做加、减、乘、除等运算，如图 4-20 所示。

图 4-20

对于上面这个案例，门店个数是不重复的计数项而不是求和，这个计算字段功能在这里也是不适用的。而且这仅仅是一个非常简单的例子，如果要求环比增长率、3个月的用户留存率等更高级的运营指标，那么使用传统的 Excel 是无法满足这样的需求。如果你恰好有前面介绍的这种不开心的分析数据的经历，那么 Power BI 的度量值将是拯救你的解药。

你可能跟我一样学了很多年的 Excel，看过很多技巧，不断地积累实践经验，但试问有哪个公式技巧会让你有类似度量值这般颠覆性的感觉？度量值被称作"Excel在 20 年里做得最好的一件事"，当之无愧。

下面再从整体上看一下 Power Pivot 和 Pivot 的异同。首先它们都是由筛选器+计算器组合而成的工具。不同的是，在 Power Pivot 中，放入筛选器的原材料是不需要扁平化的表，可以是以多个表独立存在的，这是它们首要的区别。而计算器部分的区别更大了，如果说数据透视表自带了计算器功能，那么 Power Pivot 的度量值就是一个自带漏斗的智能计算器，它可以根据你的需求自定义你想要计算的范围和公式，只有你想不到的，几乎没有它不能计算的，如图 4-21 所示。

这两者还有一个区别：Power Pivot 的引擎与传统 Excel 是不同的，它可以处理的数据量可达上亿行。在这个数据爆发的时代，这一点显得尤为重要，如图 4-22 所示。

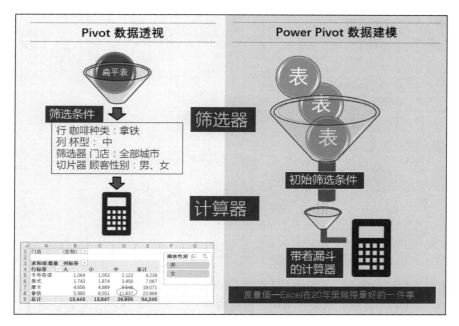

图 4-21

	Pivot 数据透视表	Power Pivot数据建模
连接的数据	单一的扁平化表（如果有多张表数据，需要用Vlookup等方法将数据合并到一张表	数据模型（多张表的集合体），一般有数据表（事实表）和Lookup表（维度表）
输出的值	依赖系统里的设定（计数、求和、百分比等）	可用DAX语句编写公式计算求值
容量限制	Excel一般可以处理数据量到100万行	Power Pivot可处理上亿行数据

图 4-22

4.5　计算列：温故而知新

在 Power BI 中，有两个操作经常需要输入公式，一个是新建度量值，另一个是新建列。这两个操作都需要使用第 5 章讲解的 DAX 语言。

关于列的知识对 Excel 用户来说并不是什么新概念。在 Power BI 中可以通过新建列，完成与 Excel 中一样的计算，比如新建一列，输入公式：=[数量]*1.5，或者使用 If 函数：If（[数量]>2,">2","<=2"）输出结果等，如图 4-23 所示。

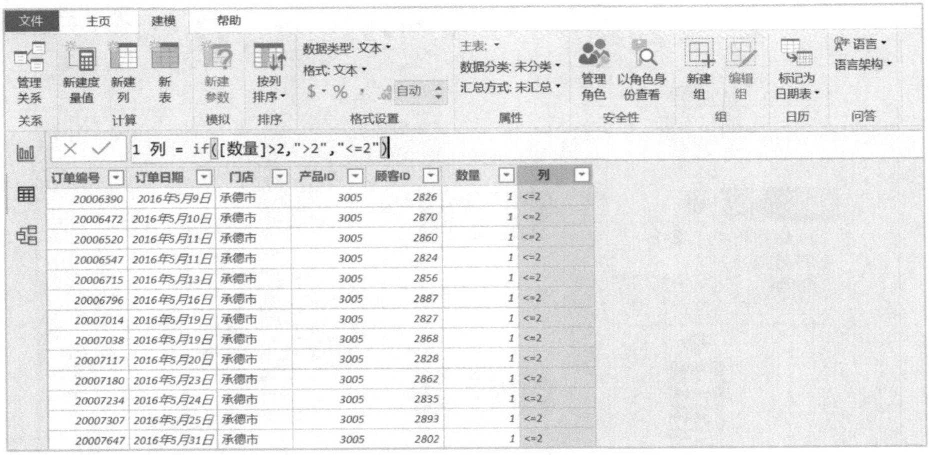

图 4-23

需要特别注意的是，从 Excel 升级到 Excel BI 和 Power BI 是需要转换思维的。在 Excel 中，我们是以单元格来思考的，比如写一个公式：=F2*1.5，它是针对 F2 这个单元格来计算的，可以通过拖曳下拉按钮填充单元格来完成整列单元格的计算，如图 4-24 所示。

然后可以使用快捷键 Ctrl+T，或者"套用表格格式"命令（见图 4-24），把该表转换成表格格式。

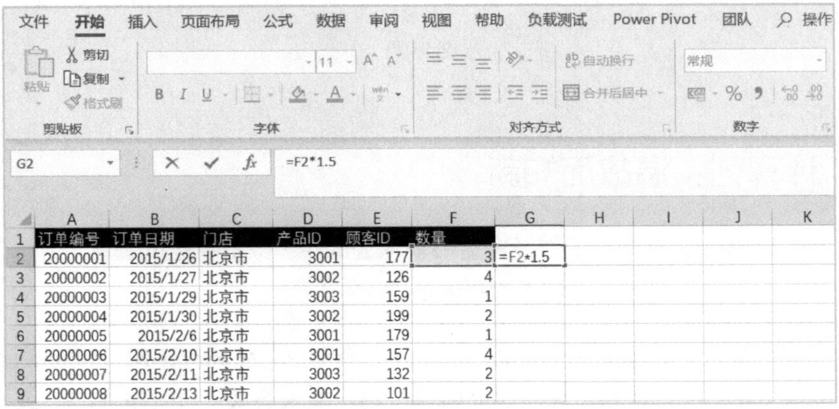

图 4-24

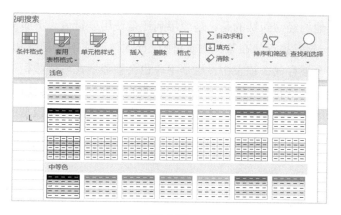

图 4-25

当再写公式求"数量*1.5"的计算结果时，在选择单元格时公式就会被自动写成"@数量"，并且在输入"[@数量]*1.5"后按 Enter 键，该列中所有的单元格都将按照这个公式来计算，如图 4-26 所示。

	A	B	C	D	E	F	G	H
1	订单编号	订单日期	门店	产品ID	顾客ID	数量	列1	
2	20000001	2015/1/26	北京市	3001	177	3	4.5	
3	20000002	2015/1/27	北京市	3002	126	4	6	
4	20000003	2015/1/29	北京市	3003	159	1	1.5	
5	20000004	2015/1/30	北京市	3002	199	2	3	
6	20000005	2015/2/6	北京市	3001	179	1	1.5	
7	20000006	2015/2/10	北京市	3001	157	4	6	
8	20000007	2015/2/11	北京市	3003	132	2	3	
9	20000008	2015/2/13	北京市	3002	101	2	3	
10	20000009	2015/2/13	北京市	3001	147	3	4.5	
11	20000010	2015/2/13	北京市	3002	113	1	1.5	
12	20000011	2015/2/28	北京市	3003	191	2	3	
13	20000012	2015/3/4	北京市	3002	132	1	1.5	
14	20000013	2015/3/6	嘉兴市	3002	271	4	6	
15	20000014	2015/3/9	嘉兴市	3003	232	1	1.5	
16	20000015	2015/3/9	嘉兴市	3003	249	3	4.5	
17	20000016	2015/3/9	北京市	3003	183	1	1.5	
18	20000017	2015/3/10	嘉兴市	3003	236	1	1.5	
19	20000018	2015/3/10	北京市	3003	111	1	1.5	

G2 f_x =[@数量]*1.5

图 4-26

我们把这种类型的表叫作列存储式表。Power BI 使用的也是列存储式表，也就是每一列都按照同一个公式逻辑计算，这种方法便于我们阅读、理解公式和定位。比如前面在求"门店数量"时，引用"数量"列时只需要输入该列的名称"数量"，而不是单元格的名称"A1""B2""C3"等，这样阅读性大大提高了。

关于列的知识比较简单，但是对初学者来说，因为新建列和新建度量值都可以输入公式，所以让他们经常纠结的是：是使用列还是使用度量值。下面再来说说两者的区别。首先，列一定是被存储在某一张表里的，比如前面使用 If 函数和公式[数量]*1.5 创建的列，它们会被存储在该表中，这个字段也会被显示在右侧边栏该表的下面，并被添加一个自定义列的标签。因为该表增加了新的内容，所以它会增加占用电脑的内存。如果是在很庞大的数据表中添加列，那么这很有可能会影响模型的运算速度，如图 4-27 所示。

图 4-27

而度量值则不一样，其字段旁是一个计算器的标记，它是以公式形式被存储下来的。不使用的时候几乎不占用电脑的内存。我们可以在任意一张表下面创建这个度量值，只有当我们把它拖曳到图表里，它才会参与运算。所以相比之下，度量值很灵活而且在运算速度上有很大的优势。

判断是使用列还是度量值主要得看内容，例如对于像"咖啡种类""杯型"这样的属性类信息，需要把它们放到筛选器、切片器、行和列中，它们是不能用度量值来输出的，这个时候只能使用列来完成。而度量值输出的是值，通过运算得到的结果。在实践应用中，如果能用度量值来解决的问题，就不用新建列，按照这样的原则去思考你就不用在"鱼"和"熊掌"之间纠结了。关于数据建模的基础概念就介绍到这里，本章先让读者初识对度量值和列，从第 5 章开始，会开启针对 DAX 语言的系统学习。

第 5 章

DAX 语言入门：真正的颠覆从这里开始

追求卓越，成功就会在不经意间追上你。

——《三傻大闹宝莱坞》

5.1　DAX 语言：数据分析表达式

DAX 是什么？DAX，Data Analysis Expression，即数据分析表达式。

按照定义，你可以把 DAX 当作一门语言来学习，但是 DAX 与 VBA、R、Python 等计算机语言不同，它是以公式的方法来完成计算的，也叫公式语言。所以，你也可以把它当作 Excel 公式来看，因为它们非常相似，而且大部分函数都是通用的。这也会让你从传统的 Excel 转到现代版的 Power BI 更容易，相对学习成本更低。

本节先介绍数据类型、书写规则、运算符等基本概念，为学习 DAX 语言打下一个坚实的基础。

1．数据类型

之前讲到从 Excel 转到 Power BI 需要有一个"表"思维的转换。对于标准的表，每一列的数据类型都应该是一致的。如果是利用 Power Query 导入的表，其实在编辑查询器中应该对它的数据类型有过统一的定义。

DAX 公式中常用的数据类型可以在数据类型下拉菜单中看到，其中最常用的数据类型是整数、小数、文本和日期，如图 5-1 所示。

订单编号	订单日期	门店	产品ID	顾客ID	数量
	日期	文本			整数
20000001	2015/1/26	北京市	3001	177	3
20000008	2015/2/13	北京市	3002	101	2
20000013	2015/3/6	嘉兴市	3002	271	4
20000016	2015/3/9	北京市	3003	183	1
20000017	2015/3/10	嘉兴市	3001	236	1
20000018	2015/3/10	北京市	3003	111	1
20000019	2015/3/10	北京市	3002	107	1
20000016	2015/3/9	北京市	3003	183	1

图 5-1

对数据类型进行定义是书写 DAX 公式的基础，这个道理很简单，图 5-1 中的"数量"列的数据类型是整数（见图 5-2），如果将其定义为文本类型，那么这些数据都是不能做加、减、乘、除运算的，否则公式就会报错。

图 5-2

除可以定义数据类型外，在 Power BI 中还可以对数据的格式进行修改，如图 5-3 所示。数据的格式是指数据在图表中展现的形式，比如日期可以使用不同的形式展示，数字可以使用"三位一隔"的千分位符号展现。而且在属性选项中还可以对特殊类型的数据，进行更细的分类。

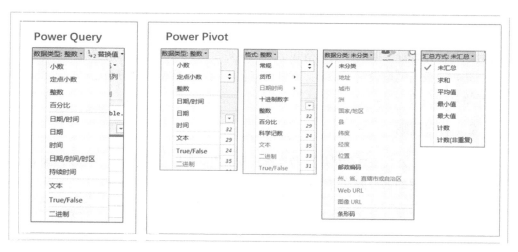

图 5-3

数据的汇总方式可以设定默认的形式，比如如图 5-4 所示，在日历表中"年"这一列的数据类型是整数，在字段列表里其前面有一个求和的标志。如果把这一列直接放到图表中的"值"选项栏中，则默认会求和计算。如果把汇总方式调整为"未汇总"，则该标志会消失（这种默认方式在一般情况不会影响我们的工作，特别是这里强调使用明确式度量值写 DAX 公式，一般不会直接把列字段放入值中），如图 5-4 所示。

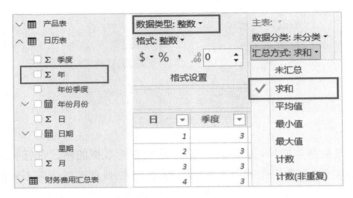

图 5-4

很多初学者在刚使用 Power BI 时经常会疑惑：为什么我的图表显示不对？为什么输出的结果很奇怪？为什么两张表不能建立关联？为什么地图没有显示？遇到这样的问题，请先看看数据的类型、格式、分类等是否定义正确。往往出现这些问题是因为一开始的数据类型设置不正确，所以进行初始设定是展开数据分析工作的前提，好的开始是成功的一半。

2．书写规则

因为 DAX 公式是直接引用列名称或重复引用其他度量值名称，所以比 Excel 公式的单元格引用的书写方式更顺畅，更具有阅读性，如图 5-5 所示。

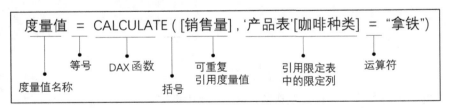

图 5-5

从图 5-5 所示的标准的 DAX 公式样例可见，等号左边是度量值名称，等号右边是输入的公式。在输入公式时，使用单引号"'"引用某张表，使用中括号"[ ]"表示度量值或列。在这里需要特别说明的是，在写度量值公式时，如果想引用的是表中的某一列，那么需要使用限定列。所谓限定列，就是明确所引用的是哪张表中的哪一列。例如同样是"咖啡种类"列或者名称相近的列，在咖啡数据表中和产品表中都有，如果不标明是哪一张表，则很可能会发生混淆，也会影响后续的工作，如图 5-6 所示。

正确的写法 =CALCULATE ([销售量], '产品表'[咖啡种类] = "拿铁")

错误的写法 =CALCULATE ([销售量], [咖啡种类] = "拿铁")

图 5-6

如果不是新建度量值，而是在某一张表中新建列，引用的是当前表中的列，那么不使用限定列也是可以的，比如 If（[数量]>2,">2","<=2"）这个公式引用的是当前表中的"数量"列，如果引用的是其他表中的"数量"列，则需要再加上表名称。

如果在度量值中想要引用其他已经建立好的度量值，则直接使用中括号引用就好了，不需要限定哪张表。因为在前面提到过，度量值不是依附于表存在的，它可以放在任意表的下面，至于放在哪里可以根据我们的需要。Power BI 具有很好的智能感知功能，当我们在公式栏中输入某个字母时会提示可用的函数有哪些；输入单引号和中括号时会提示可引用的表、列、度量值有哪些，并且还会提醒函数的使用方法和语法逻辑；当公式写的不对时，它会及时报错帮我们分析原因，如图 5-7 所示。

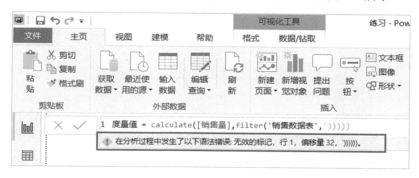

图 5-7

注意，除列、度量值、表的名称外，其他的公式、运算符等都必须要在英文输入法状态下书写，这与 Excel 公式的书写规则是一样的。此外还有一个小技巧：如果公式很长，嵌套的函数很多，写在一行看起来不是很清晰，则还可以使用空格调整间距，按 Shift+Enter 组合键或者 Alt+Enter 组合键来换行，都不会对公式运算造成任何影响。所以，建议通过这几个按键给公式排版以增加易读性。比如图 5-8 所示的公式有较多的函数和关系，但通过换行来排版会让公式看起来非常清晰、整洁。想象一下，如果把它们放在同一行里，再厉害的 DAX 语言高手阅读起来也很吃力。

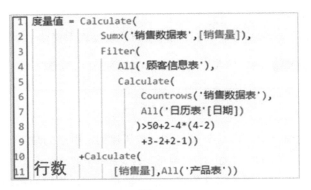

图 5-8

3.运算符

与 Excel 一样，DAX 公式是使用+、-、*、/这些符号进行运算的，并且使用小括号 "（）"来调整运算的优先次序。图 5-9 中是 DAX 公式中基本的算术运算符分类。

算术运算符	含义	示例
+（加号）	加	3+3
-（减号）	减或符号	3–1–1
*（星号）	乘	3*3
/（正斜杠）	除	3/3
^（插入号）	求幂	16^4

图 5-9

DAX 公式中的比较运算符和文本运算符与 Excel 公式中的使用方法也相同，如图 5-10 所示。

比较运算符	含义	示例
=	等于	'产品表'[咖啡种类] = "拿铁"
>	大于	'日历表'[日期] >"Jan 1 2015"
<	小于	'销售数据表'[数量] < 5
>=	大于或等于	[销售量] >= 200
<=	小于或等于	[销售量] <= 100

文本运算符	含义	示例
&（与号）	连接（或串联）两个值以生成一个连续的文本值	'产品表'[咖啡种类]&'产品表'[杯型]&"杯"

图 5-10

需要特别提及的是逻辑运算符，这是 DAX 公式中非常人性化的设计。以往在 Excel 中，如果想规定同时满足两个条件，则需要使用 And 函数，或者规定满足条件其一，则需要使用 Or 函数。在 DAX 公式中可以更使用运算符来实现，如图 5-11 所示。

逻辑运算符	含义	示例
&&（双与号）	And 和，同时满足几个条件	'门店信息表'[门店] = "北京市" && '产品表'[咖啡种类] = "拿铁"
||（双竖线符号）	Or 或，满足任意一个条件	'门店信息表'[门店] = "北京市" && ('产品表'[咖啡种类] = "拿铁" || '产品表'[杯型] = "中")

图 5-11

举一个例子（在本书后面会介绍 Calculate 和 Filter 函数的用法），比如想要计算销售数据表中数量大于 2，并且在 2016 年 9 月 1 日之前的订单销售总量，则可以用"&&"运算符以达到设置多条件的目的，如图 5-12 所示。

```
1  度量值 = Calculate([销售量],
2              Filter('销售数据表',
3               '销售数据表'[数量]>2
4                &&
5               '销售数据表'[订单日期]<date(2016,9,1)
6              ))
```

图 5-12

如果是满足条件其一的 Or 关系，则使用运算符 "||"（"||" 符号一般位于 Enter 键的上方），如图 5-13 所示。

图 5-13

同时，也可以利用小括号来控制运算的优先次序 。比如在图 5-14 所示的公式中，使用 Filter 函数设置的筛选条件是数量大于 2 且订单日期在 2016 年 9 月 1 日之前，或者是订单日期在 2015 年 6 月 1 日以后。

```
1   度量值 = Calculate([销售量],
2               Filter('销售数据表',
3                ('销售数据表'[数量]>2
4                 &&
5                 '销售数据表'[订单日期]<date(2016,9,1))||'销售数据表'[订单日期]>date(2015,6,1)
6               ))
```

图 5-14

了解了数据类型、书写规则 、运算符，下面就可以开始学习 DAX 公式了。其实 DAX 公式与 Excel 公式非常相似，在 Excel 中常用到的一些函数，如日期函数、信息函数、逻辑函数、数学函数、统计函数、文本函数等，在 DAX 公式中都包含，而且用法大致相同。甚至很多功能可以直接使用 Power Query 的查询编辑器来完成，如对文本、日期格式的修改、拆分等，不需要使用公式，如图 5-15 所示。

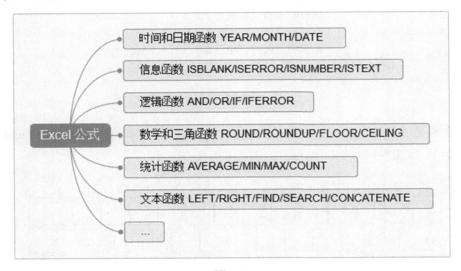

图 5-15

这些函数对读者来说不算什么新知识，也不是本书的重点。本书会专注在 DAX 中的核心的超越传统 Excel 函数、富含科技感的函数，让读者在完成接下来 3 个阶段的函数学习后，可以随心所欲地创建属于自己的度量值。

5.2   聚合函数：计算器

在 Power BI 的公式栏中新建一个度量值后，在等号的右边无论输入单引号 "'"，还是中括号 "["，Power BI 智能感知的结果都不会是某一列的名称，而是其他已创建好的度量值，因为度量值是不可以直接等于某一列的数据，如图 5-16 所示。

图 5-16

这个道理很简单，比如销售数据表中的"数量"列中有近 3 万行数据，如果度量值等于这 3 万行的数据，那么这个表达式是没有任何意义的。度量值输出的是一个计算结果，所以需要先使用聚合函数对该列进行聚合运算才有效。

聚合函数与 Excel 中的基本计算函数非常类似，区别是在 Excel 中公式引用的是单元格，而 DAX 函数引用的是列。下面仍在销售数据表的基础上进行实验，即新建 5 个度量值。

（1）求销售的咖啡杯数：[1 销售量]=Sum（'销售数据表'[数量]）。这个公式就是对销售数据表中的数量列进行求和。

（2）求数量列的平均值（使用 Average 函数）：[2 平均销售量]=Average（'销售数据表'[数量]）。注意，公式栏里的解释也是非常有用的，如图 5-17 所示。

（3）将每一行数据视为一位顾客购买的订单，求订单中最大的杯数（这个公式与 Excel 中的公式是一样的，求最大值使用 Max 函数，求最小值使用 Min 函数）：[3 最大杯数]=Max（'销售数据表'[数量]）。

图 5-17

此外，在 Power BI 中，Min/Max 函数还可以引用两个标量表达式进行比较，比如 Max（[1 销售量],[1 销售量]*1.2）这个公式将输出[1 销售量]*1.2 的计算结果，因为后者更大。这个在二者之间取最小值的方法可能不经常用到，但当你需要它时，有不可取代的妙用。

（4）第 4 个度量值是一个新知识，数据表中的每一行都是一笔订单，求行的个数就是求订单数量。[4 订单数量]=Countrows（'销售数据表'）的含义是求销售数据表中行的个数，在这里你会发现，聚合函数不仅可以引用列还可以引用表。对于 Count 函数还有一些衍生函数，比如 CountA 函数（计算列中单元格不为空的数目）、Countblank 函数（计算列中单元格为空白的数量）。在具体使用时，可以在微软 DAX 函数的官网中查找，如图 5-18 所示。

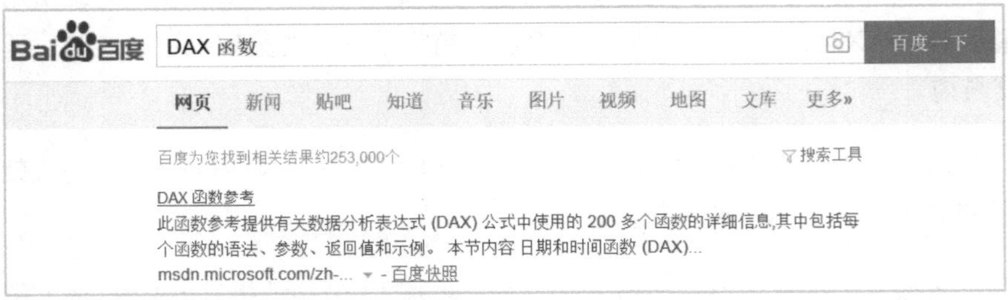

图 5-18

（5）如果想要求全国有多少家分店呢？在前面曾创建过一个"门店数量"的度量值：[门店数量]=Distinctcount（'销售数据表'[门店]），对"门店"这一列求不重复值计数。为了方便编号，我们把该度量值的名称修改为"5 门店数量"。不重复计数的逻辑也很简单，比如图 5-19 所示的这张表的"门店"列中的不重复值为"北京市"和"嘉兴市"，返回的不重复计数为 2，如图 5-19 所示。

订单编号	订单日期	门店	产品ID	顾客ID	数量
20000001	2015/1/26	北京市	3001	177	3
20000008	2015/2/13	北京市	3002	101	2
20000013	2015/3/6	嘉兴市	3002	271	4
20000016	2015/3/9	北京市	3003	183	1
20000017	2015/3/10	嘉兴市	3001	236	1
20000018	2015/3/10	北京市	3003	111	1
20000019	2015/3/10	北京市	3002	107	1
20000016	2015/3/9	北京市	3003	183	1

图 5-19

下面把这几个度量值放到一张表里面看一下计算的结果，如图 5-20 所示。

1 销售量	2 平均销售量	3 最大杯数	4 订单数量	5 单店数量
54245	2	4	27168	53

图 5-20

之前我们写过一个度量值：单店销售量=[销售量]/[门店数量]，其中的[门店数量]自动变成了我们刚刚修改后的名字[5 门店数量]，如图 5-21 所示。

```
1  单店销售量 = [销售量]/[5 单店数量]
```

图 5-21

也就是说，一个度量值建立好以后是可以被重复利用的。如果修改了这个度量值，则建立在该度量值基础上的其他度量值也会随之被修改。

讲到这里，有的读者会问，计算这个"单店销售量"也可以在一个公式中来完成，比如写成如图 5-22 所示的形式。

```
1  单店销售量 = Sum('销售数据表'[数量])/Distinctcount('销售数据表'[门店])
```

图 5-22

使用该公式可以求得同样的结果，这样可以减少度量值的数量。是使用这种方式比较好，还是逐个建立度量值再重复利用的方式更好？对于初学者，我强烈建议采用后者，即重复利用度量值的方式。原因主要有以下 3 点。

（1）方便梳理公式的逻辑。很多时候我们写了很长的度量值公式，再回头看的时候可能连自己都不记得逻辑了，如果是其他人使用我们的模板，就更不容易学习和上手了。把公式清晰地拆解成几个小块更易于理解。

（2）操作更简单。这个例子中的度量值（销售量=Sum（'销售数据表'[数量]），在很多场景中都会应用到，比如求平均每位店长的销售量业绩、销售量的环比增长率。在后面学习其他函数时都会重复引用这个"销售量"度量值，如果每次建立这些度量值时都要写一遍公式，那么还不如直接引用现成的度量值更简单。也就是说，既然我们有现成的资源，为什么不重复利用呢？

（3）一劳永逸。在一些探索性的分析实践中，可能会经常需要修改公式的逻辑，使用这种方法的好处是当初始度量值需要变化时，其他的度量值都会随之变化。

5.3　Calculate 函数：最强大的引擎

Calculate 函数被称作 DAX 语言中最强大的函数，下面先体验一下：求拿铁中杯咖啡的销售量，这里使用 Calculate 函数创建第 6 个度量值，如图 5-23 所示。

```
1  6 Calculate销售量 = calculate([1 销售量],'产品表'[咖啡种类]="拿铁",'产品表'[杯型]="中")
```

图 5-23

制作两张矩阵表，把度量值放入值中，一个为"1 销售量"，另一个为"6 Calculate 销售量"，然后进行对比。当你看到图 5-24 右图中的输出结果时，可能会有一些惊讶，难道出问题了？与度量值"1 销售量"对比，为什么"6 Calculate 销售量"这个度量值所有的输出结果都为拿铁中杯的数据 11837？

咖啡种类	大	小	中	总计	咖啡种类	大	小	中	总计
卡布奇诺	1064	1053	2122	4239	卡布奇诺	11837	11837	11837	11837
美式	1743	1874	3450	7067	美式	11837	11837	11837	11837
摩卡	4656	4869	9546	19071	摩卡	11837	11837	11837	11837
拿铁	5980	6051	11837	23868	拿铁	11837	11837	11837	11837
总计	13443	13847	26955	54245	总计	11837	11837	11837	11837

图 5-24

其实输出的结果是完全没有问题的，使用这个例子是为了说明 Calculate 函数的工作原理。从以上这个结果中可以得出一些关于 Calculate 函数重要的结论：Calculate 函数自带的筛选条件可以更改和覆盖初始的筛选条件。这是什么意思？

下面看一下 Calculate 函数的语法结构，如图 5-25 所示。

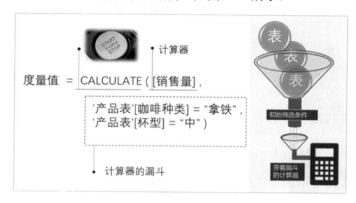

图 5-25

其中小括号内的表达式由两部分构成：第一部分是计算器，执行计算，求销售量也就是对数据表中的数量列求和；第二部分是筛选器，用来限定表的筛选条件。前面说过，可以将 Power Pivot 关系模型看作为筛选器+计算器组合起来的一台机器，Calculate 函数把这个漏斗筛选器和计算器组合到了一起，它就好比整台机器的引擎启动键。有了它，整个数据模型就有了动能，可以运作起来。

这个概念可能还是有一点抽象，下面以矩阵表中左上角的第一个单元格——卡布奇诺大杯输出值 11837 为例，来模拟一下这个 Calculate 公式计算拿铁中杯的销售量在后台的计算逻辑。

第一步，该度量值会识别它的初始筛选条件，即产品表中咖啡种类为卡布奇诺，杯型为大杯，这一步骤是运算的前提，就好比在漏斗中进行初步的筛选。

第二步，初始的筛选结果会落入智能计算器的漏斗中，进行第二次筛选。而 Calculate 函数中的筛选条件是产品表中的咖啡种类为拿铁，杯型为中杯，这与初始条件发生了冲突。Calculate 函数可以更改和覆盖初始的筛选条件，于是生成了新的筛选条件，即产品表中的咖啡种类为拿铁，杯型为中杯，如图 5-26 所示。

需要注意的是，以上这两步的筛选条件都是来自产品表，而下一步执行计算时，度量值[1 销售量]=Sum（'销售数据表'[数量]）求的是销售数据表中的"数量"列中的数据总和，它们引用的不是同一张表。这个时候，Calculate 函数就是整台关系模型机器的启动键，它使机器运作起来。

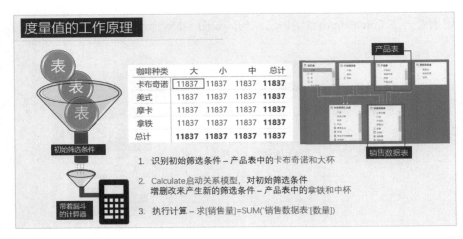

图 5-26

　　这里以产品表中的咖啡种类为拿铁，杯型为中杯作为筛选条件，通过以产品 ID 建立的一对多关系，使数据信号像水流一样自上而下从产品表传达到了销售数据表，把销售数据表中的咖啡种类为拿铁、杯型为中杯的产品筛选出来。

　　第三步，Calculate 函数中的计算器在新的筛选条件下执行计算，输出了拿铁中杯的销售量。而且矩阵表中的每一个单元格都是按照这个逻辑来计算的，即使是"总计"这个单元格求得的也是拿铁中杯的销售量，所以输出了同样的值。

　　这就是 Calculate 函数的工作过程，同时这也是度量值的工作原理。在今后使用度量值时，可以把所有的过程都按照这 3 个步骤来模拟思考，它们都无一例外地遵循这个规则。

　　Calculate 函数先介绍到这里，不过关于它的故事还没有完。如果你还有一些困惑，没关系，在接下来的学习中会多次使用到 Calculate 函数，并且还会更深入地讲解它的原理。

　　另外，在本文的最后介绍一个小技巧，很多人使用 Calculate 函数时都会遇到多条件筛选的问题，像上面案例求拿铁中杯咖啡的销售量，可以使用逗号表示同时满足咖啡类型为拿铁和杯型为中杯两个条件。但如果想要表示"或"的并列条件，即满足其中一个条件就可以呢？比如求拿铁、美式、卡布奇诺这 3 种咖啡的销售量。你可能会想到 Excel 中的 Or 函数，但是 Or 函数在 Power BI 中只能引用两个条件，而这里有 3 个条件。

答案是使用 In 函数加大括号的方式（注意是大括号），比如下面的写法，如图 5-27
所示。

```
1  In = Calculate([销售量],
2         '产品表'[咖啡种类] in {"拿铁","美式","卡布奇诺"})
```

图 5-27

如果你想要表达相反的意思还可以写 Not in，如图 5-28 所示。

```
1  Not In = Calculate([销售量],
2       Not '产品表'[咖啡种类] in {"拿铁","美式","卡布奇诺"})
```

图 5-28

该方法在后经面将要学到的 Filter 函数中的筛选条件也同样适用。

5.4　All 函数

通过学习度量值的工作原理，我们不难发现，DAX 公式是围绕筛选器和计算器
来设计的。我们首先学习的 Sum、Count、Max 等聚合函数属于计算器类函数，它们
通过类似大部分 Excel 公式的运算方法来达到目的，这个并不难理解。DAX 公式的学
习难度主要在于筛选器，也就是怎样设定你想要计算的表范围。这就好比投掷飞镖，
计算器是投出去的飞镖，而筛选器是你瞄准的是那个区域。接下来我们就按照瞄准范
围由大到小的顺序来学习，所以本节先学习怎样瞄准区域，也就是 All 函数的用法，
如图 5-29 所示。

图 5-29

　　我们知道，Calculate 函数可以对初始筛选条件进行"增删改"（增加、删除、修改）生成新的筛选条件。这个"增删改"的含义不难理解，增加即在原有筛选条件基础上，加入新的筛选条件缩小范围，比如在卡布奇诺大杯咖啡的基础上再加入对日期的限定；更改是覆盖原筛选条件重新限定范围，比如将卡布奇诺大杯咖啡改为拿铁中杯咖啡；而删除就是清除某个筛选条件以扩大范围，比如扩大到包含所有的产品。All 函数的功能就是删除，即扩大筛选条件范围，如图 5-30 所示。

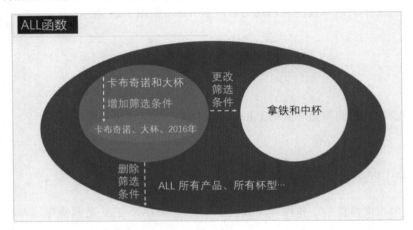

图 5-30

下面使用 All 函数新建第 7 个度量值，如图 5-31 所示。

```
1  7 All销售量 = Calculate([1 销售量],all('销售数据表'))
```

图 5-31

　　此时，所有值都为总计 54245（见图 5-29），这就好比在销售数据表中做了清除筛选的操作。

咖啡种类	大	小	中	总计
卡布奇诺	54245	54245	54245	**54245**
美式	54245	54245	54245	**54245**
摩卡	54245	54245	54245	**54245**
拿铁	54245	54245	54245	**54245**
总计	**54245**	**54245**	**54245**	**54245**

图 5-32

All 函数不仅可以引用表，还可以引用列，它们的用法是一样的。比如，修改图 5-31 所示的公式为[7 All 销售量]=Calculate（[1 销售量],All（'产品表'[咖啡种类]）），会得到图 5-33 所示的结果，即表中所有的单元格都不会受咖啡种类的筛选条件的限制，但是会按照杯型来筛选。

咖啡种类	大	小	中	总计
卡布奇诺	13443	13847	26955	54245
美式	13443	13847	26955	54245
摩卡	13443	13847	26955	54245
拿铁	13443	13847	26955	54245
总计	13443	13847	26955	54245

图 5-33

并且这里可以引用多个列，比如 All（[产品种类],[产品价格],[产品杯型]...），这里的逗号","表示 AND（求和），即同时满足的关系。

需要特别注意的是，引用表和引用列有一些不同，引用表是比较简单的，即清除该表的所有筛选限定条件。但是，当使用 All 函数引用列时，非常容易出现以下两个错误用法。

（1）错误 1：写公式引用的是销售数据表中的列，而不是产品表中的列，如图 5-34 所示。

```
1  7 All销售量 = Calculate([1 销售量],all('销售数据表'[产品ID])
```

图 5-34

你会发现，输出的值与使用"1 销售量"度量值计算的结果一样，并没有清除表中的筛选条件，如图 5-35 所示。

咖啡种类	大	小	中	总计
卡布奇诺	1064	1053	2122	4239
美式	1743	1874	3450	7067
摩卡	4656	4869	9546	19071
拿铁	5980	6051	11837	23868
总计	13443	13847	26955	54245

图 5-35

这是因为矩阵表中的行和列来自产品表，而 All 函数引用的是销售数据表，这种情况是无效的，必须要保证 All 函数所清除的筛选列和初始筛选条件中的筛选列完全一致（即同一张表的同一列）。

（2）错误 2：引用不同表的列，如图 5-36 所示。

```
1 7 All销售量 = Calculate([1 销售量],all('产品表'[咖啡种类],'门店信息表'[门店]))
```
> ⚠ ALL/ALLNOBLANKROW/ALLSELECTED 函数的所有列参数都必须来自同一个表。

图 5-36

当 All 函数中引用多张表时，会出现报错提示，即 All 函数所有引用列参数必须来自同一张表，否则是无效的。如果你真的需要使用 All 函数引用多张表，则可以利用 Calculate 函数中的逗号间隔，如使用 All（），All（），All（）……的多筛选条件限定的方式来完成。

之所以在这里提醒读者注意这两个细节问题，是因为在 DAX 的前期学习过程中，你可能会不可避免地写一些不符合语法要求的公式，遇到类似的报错问题。在这个时候，对数据源的深入理解和具备查找错误的能力非常重要，见过一些常见错误案例会让你减少纠错的时间，同时学会理解 Power BI 的智能提示功能也会帮助你避免犯错误。

读者可能会问，All 函数在实际应用中有什么意义？上面的例子其实是为了说明它的工作原理，下面再进行一个实践操作。先把上面案例中的度量值改回 All（'销售数据表'），即求清除所有筛选条件的总销售量。再新建一个度量值"占比"，即求不同咖啡种类、不同杯型的销售量占总销售量的百分比：[占比] = [1 销售量]/[7 ALL 总销售量]，结果如图 5-37 所示。

咖啡种类	大	小	中	总计
卡布奇诺	1.96%	1.94%	3.91%	7.81%
美式	3.21%	3.45%	6.36%	13.03%
摩卡	8.58%	8.98%	17.60%	35.16%
拿铁	11.02%	11.15%	21.82%	44.00%
总计	24.78%	25.53%	49.69%	100.00%

图 5-37

看到这张表，你可能会联想到 Excel 的数据透视表也有可以显示总计的百分比功能。但是你需要知道，它们只是显示效果相同，在本质逻辑上是完全不一样的。对于上面这个例子，使用数据透视表还能完成计算，但是如果需求稍微复杂一点就不好做了，如图 5-38 所示。

图 5-38

比如稍微修改一下这个案例的需求：求北京市门店中各种产品销售量占总销售量的比例。使用传统的 Excel 操作时你可能会想到，首先求得总销售量为 54245 杯，再生成一张北京市门店的按产品类型和杯型统计的销售量数据透视表。最后把数据透视表中的销售量数据都除以 54245，就可以得到结果。虽然过程有一些麻烦，但工作量还是可以接受的，如图 5-39 所示。

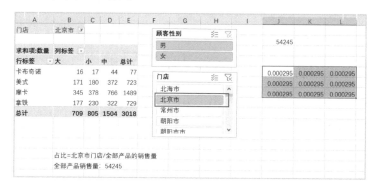

图 5-39

但是如果要把不同时间段，如 2016 年 1 月到 12 月的销售量占比情况都计算出来呢？这时就要计算 12 次总销售量，同时也要计算 12 次北京市门店中各产品类型的销售量。如果不仅仅是计算北京市门店销售量，还想求其他城市门店的销售量呢，那么这个工作量又要翻倍了。

下面再来看一看使用度量值是怎样计算的。在前面我们已经建立好了公式：[占比]=[1 销售量]/[7 ALL 总销售量]，现在直接拿来用就可以了。可以通过添加切片器选择城市门店=北京市，也可以通过时间切片器调整想要的时间区间，或者其他限定条件，如图 5-40 所示。

图 5-40

然后瞬间就可以得到结果，几乎没有任何时间成本。并且创建一次度量值，可以重复使用，一劳永逸。这个例子再一次印证了度量值是数据分析游戏规则的变革者。

5.5　Allexcept 和 Allselected 函数兄弟

All 函数是一个小家族，它还有两个衍生函数：Allexcept 和 Allselected，其中 Allexcept 函数最容易理解，except 的中文意思是"除……之外"，所以该公式的含义是除指定的某列之外，清除筛选条件。

我们知道，All 函数可以引用多个列，比如 All（[产品种类],[产品价格],[产品杯型]...），当我们想要指定的列有很多时，比如表里面有 10 列，而我们想对其中 9 列使用 All 函数，只保留剩下的一列，那么就要输入 9 个列的名称，比较麻烦。这个时候，Allexcept 函数就会发挥作用。

Allexcept 函数的语法组成分为两部分，第一部分是表，第二部分是你想要排除的列，与 All 函数一样，它可以引用多列，并且返回的结果是表，所以在度量值中不能够单独使用，需要配合像 Calculate 和 Countrows 这些可以引用表的函数使用。

下面新建第 8 个度量值公式，如图 5-41 所示

```
1  8 Allexcept = calculate([1 销售量],allexcept('产品表','产品表'[杯型])
```

图 5-41

如图 5-42 所示为计算结果，从中可以看到杯型对数据筛选有影响，而咖啡种类不会对数据筛选有影响，如图 5-42 所示。

咖啡种类	大	小	中	总计
卡布奇诺	13443	13847	26955	**54245**
美式	13443	13847	26955	**54245**
摩卡	13443	13847	26955	**54245**
拿铁	13443	13847	26955	**54245**
总计	**13443**	**13847**	**26955**	**54245**

图 5-42

下面再做一个试验，如果把矩阵表中的"咖啡种类"列替换为产品表中的"价格"列，那么会出现什么样的结果？同样，除杯型之外其他筛选都不会对数据有影响。所以价格行并没有对数据进行筛选。其中价格为 24 元的小杯咖啡销售量为 13847 杯，它代表所有小杯咖啡的销售量，而在每行价格总计中输出的值都为 54245，即总体的销售量，如图 5-43 所示。

价格	大	小	中	总计
24		13847		**54245**
29			26955	**54245**
31		13847		**54245**
32	13443	13847		**54245**
33			26955	**54245**
34			26955	**54245**
35	13443			**54245**
36	13443			**54245**
总计	**13443**	**13847**	**26955**	**54245**

图 5-43

All 函数家族中第 2 个衍生函数是 Allselected。Selected 的中文意思是挑选。从定

义上看，它是对表中所显示的筛选条件执行清除筛选，而其他筛选条件皆保留。这个定义很抽象，而且很多初学 Allselected 函数的人从字面上很难理解它的含义，下面还是来直接通过上手操作来理解吧。

Allselected 函数的语法构成很简单：Allselected（表或列），它返回的结果也是表。

前面在学习 All 函数的操作时曾用到一个度量值"占比"，即把[1 销售量]和创建的第 7 个度量值[7 All 总销售量]（= Calculate（[销售量],All（'销售数据表'）））相除，得到[占比] = [1 销售量]/[7 All 总销售量]。下面使用度量值"占比"和产品表中的"咖啡种类"列制作一张矩阵表，在该表的基础上添加一个切片器（使用'产品表'[咖啡种类]），如图 5-44 所示。

咖啡种类		咖啡种类	占比
☐ 卡布奇诺		美式	13.03%
☑ 美式		摩卡	35.16%
☑ 摩卡		拿铁	44.00%
☑ 拿铁		**总计**	**92.19%**

图 5-44

这样就可以通过在切片器中筛选来控制矩阵表中显示的数据了，比如选择 3 种咖啡种类：美式、摩卡和拿铁。现在问题来了，表中的占比总计显示的是这 3 种咖啡的销售量占所有咖啡种类的销售量的比例，所以总计为 92.19%，而不是 100%。然而很多时候我们其实是想计算所显示的数据中各项类别的占比情况，怎样才能把总计变为100%呢？现在就用 Allselected 函数创建两个度量值，如图 5-45 所示。

```
1 9 Allselected = calculate([1 销售量],allselected('产品表'))
```

```
1 占比2 = [1 销售量]/[9 Allselected]
```

图 5-45

现在无论筛选哪个咖啡种类，显示出来的占比总计都是 100%。所以，Allselected 函数的最大用途就是统计直观合计，即清除所有显示的筛选条件。在实践中我们可能不会经常用到 Allselected 函数，但当你真的有需求时，它具有不可替代的作用，如图5-46 所示。

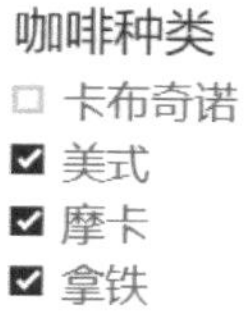

图 5-46

下面把建立好的这几个度量值放到同一张矩阵表中进行总结对比，如图 5-47 所示。

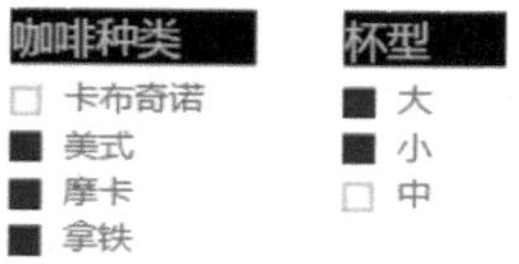

图 5-47

其中：

[1 销售量]：计算的是 3 种咖啡、两种杯型筛选条件下的销售量。

[7 All]：公式 All（'表'）删除了所有筛选条件，使所有的输出值都为 54245，即整张销售数据表的总计。

[8 Allexcept]：除产品表中的"杯型"列这个筛选条件保留，删除其他的所有筛选条件，也就是求得了大杯和小杯咖啡的销售量总计。

[9 Allselected]：求直观合计，也就是咖啡种类为美式、拿铁、摩卡，杯型为大杯、小杯的销售量总计，所以总计的结果与度量值"1 销售量"得到的结果相同。

通过对比，相信读者应该明白了 All 家族函数中各个成员之间的区别。对于本节的学习，如果你很难记住这些函数之间具体的规则。没关系，知道它的存在和使用方法就可以了，等你真正需要时知道可能会使用它们，并知道去哪里找它们就可以了。

5.6　Filter 函数：高级筛选器

Filter 是一个我们不仅需要知其然，还要知其所以然的函数，因为它非常重要并且功能非常强大。度量值由两部分构成：筛选器和计算器，而 Filter 函数可以说是最强大的筛选器。如果你能够掌握它以及理解后面介绍的上下文概念，你就理解了整个 DAX 语言的精髓。

Filter 函数不是计算器函数，而是筛选器函数，其返回的结果是一张表，所以无法单独使用。它经常与 Calculate 函数搭配，也可以直接与某些聚合函数搭配使用，比如用 Countrows（Filter（表，筛选条件））公式来计算表的行数。

Filter 函数的语法很简单，如图 5-48 所示。

$$\text{FILTER ('表' , 筛选条件)}$$

图 5-48

其中第一部分的表可以是任意一张表，包括 5.5 节学习的 All 函数返回的表，甚至可以再嵌套一个 Filter 函数返回的表；第二部分为筛选条件，是结果为真或假的表达式。所谓真或假就是"是"或者"否"，比如"咖啡种类=拿铁，价格>30"这种判断逻辑都属于判断真或假的表达式。

下面简单地写一个公式求拿铁中杯咖啡的销售量，如图 5-49 所示。

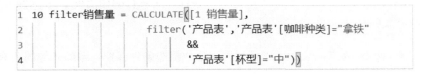

```
1  10 filter销售量 = CALCULATE([1 销售量],
2                      filter('产品表','产品表'[咖啡种类]="拿铁"
3                          &&
4                          '产品表'[杯型]="中"))
```

图 5-49

到这里，你肯定会有一个疑问，这个"10Filter 销售量"度量值与 5.3 节建立的第 6 个度量值使用 Calculate 函数求得的结果是一样的，如图 5-50 所示。

```
1  6 Calculate销售量 = calculate([1 销售量],'产品表'[咖啡种类]="拿铁",'产品表'[杯型]="中")
```

图 5-50

也就是说，在公式 Calculate（[计算表达式],<筛选条件 1>,<筛选条件 2>…）的语法构成中，已经有了筛选功能，为什么还要用 Filter 函数呢？这也是学习 Filter 函数时大多数人的第一反应。

其实 Filter 函数才是真正意义的筛选器，其筛选能力远远大于 Calculate 函数附带的筛选功能，我们常见的筛选之所以是利用 Calculate 函数完成而不是利用 Filter 函数完成，完全是因为"杀鸡焉用牛刀"。这就好像我们没有必要用电脑来计算 1+1 等于几。

那么什么时候才要用 Filter 函数呢？先来说一说 Calculate 函数的局限性。在 Calculate 函数中的直接筛选条件里，我们只能输入[列]=固定值（<>等运算符同样适用）这种类型的筛选条件，比如求拿铁中杯咖啡的销售量这个例子。但是当筛选条件出现如图 5-51 所示的类型时，Calculate 函数中的直接筛选条件就不可用了，这个时候我们不得不求助于更强大的 Filter 函数。

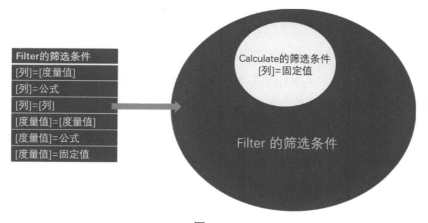

图 5-51

现在把公式的复杂度提高一个层级：求每个季度拿铁咖啡的销售量超过 200 杯的门店的销售量。也就是说，我们要先知道每个季度拿铁咖啡的销售量超过 200 杯的分店有哪些，再把它们的销售量加总求和。你是不是有点不知所措了？

　　还是先用对比思考的逻辑：如果使用传统的 Excel 分析方式，那么该怎样做？你可能会想到先利用数据透视表找到在每个季度每个门店的拿铁咖啡的销售量是多少，再筛选出拿铁咖啡的销售量超过 200 杯的门店有哪些，最后再求出这些的销售量总和。这个过程所消耗的时间成本非常可怕，但是使用度量值公式则可以瞬间解决，如图 5-52 所示。

```
1  10 Filter销售量 = CALCULATE([1 销售量],
2                    FILTER('门店信息表',[1 销售量]>200))
```

图 5-52

　　使用切片器筛选出拿铁咖啡的销售量，你会得到如图 5-53 所示的结果。从中可以看出，从 2016 年第 2 季度开始才有拿铁咖啡的销售量超过 200 杯的门店出现。

咖啡种类	年份季度	1 销售量	10 Filter销售量
☐ 卡布奇诺	2016Q2	2974	209
☐ 美式	2016Q3	8407	6496
☐ 摩卡	2016Q4	12487	10259
☑ 拿铁	**总计**	**23868**	**22501**

图 5-53

　　你可能会很惊讶，只是使用了一个小小的公式，就迅速得到了想要的结果，这背后的工作原理是怎样的？

　　前面在介绍 Calculate 函数时讲过度量值的工作原理，可以分为 3 个步骤去分析，下面按照度量值的工作原理来说明 Filter 函数的工作原理，分析它是如何得出 2016 年第 2 季度拿铁咖啡的销售量总计为 209 杯的。

　　（1）第一步，识别初始筛选条件（即产品表中的咖啡种类为"拿铁"，日历表中的日期为"2016 年的第 2 季度"），如图 5-54 所示。这一步是准备工作，后面在求销售数据表中的销售量时，可以通过搭建的关系模型把销售数据表中对应的咖啡种类和年份及季度筛选出来，如图 5-55 所示。

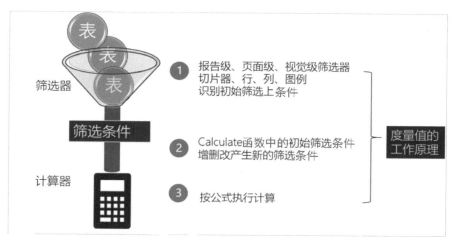

图 5-54

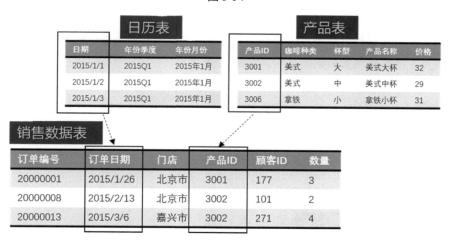

图 5-55

（2）再看 Calculate 函数中的筛选条件，显然这个筛选条件是由 Filter 函数构成的。针对 Filter 函数生成的筛选条件，还可以把它细分成几个小步骤，如图 5-56 所示。

```
1  10 Filter销售量 = CALCULATE([1 销售量],
2                        FILTER('门店信息表',[1 销售量]>200))
```

图 5-56

① Filter 函数中的筛选表为"门店信息表（注意，这里用的是门店信息表，它是含有门店名称的 Lookup 表，而不是销售数据表），Filter 函数开始逐行扫描门店信息

表。首先从第一行开始，如图 5-57 所示。

图 5-57

② 再看 Filter 函数中第二部分：筛选条件为[1 销售量]>200。你可能会注意到这与 Filter 函数中的筛选表门店信息表不同，因为度量值[1 销售量]=Sum('销售数据表'[数量])，它的计算表是"销售数据表"。这时我们建立的模型关系就起到了关键性的作用，由于门店信息表与销售数据表的关联字段是"门店"，这个数据信号就好像水流一样自上而下流入销售数据表中，把数据表中门店在北京的数据筛选了出来，再执行"销售量"度量值计算求数量列的总和，如图 5-58 所示。

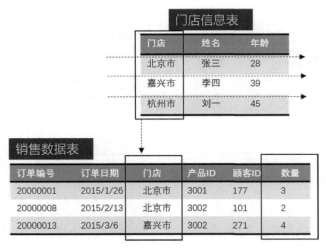

图 5-58

在层层的筛选条件下，度量值[1 销售量]= Sum（'销售数据表'[数量]）求得 2016 年第 2 季度，北京市门店拿铁咖啡的销售量为 44 杯。对于这个计算结果，我们可以到 Excel 源文件中通过筛选日期、咖啡种类、北京门店的方法验证一下，如图 5-59 所示。

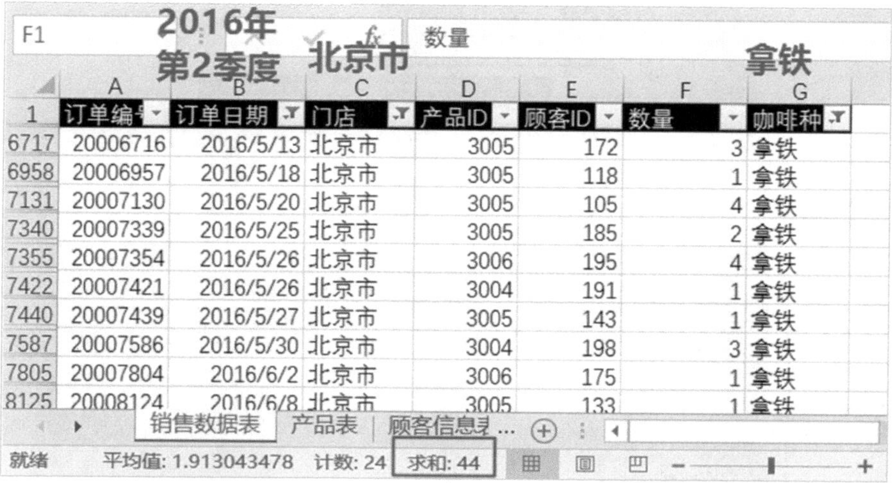

1	订单编号	订单日期	门店	产品ID	顾客ID	数量	咖啡种
6717	20006716	2016/5/13	北京市	3005	172	3	拿铁
6958	20006957	2016/5/18	北京市	3005	118	1	拿铁
7131	20007130	2016/5/20	北京市	3005	105	4	拿铁
7340	20007339	2016/5/25	北京市	3005	185	2	拿铁
7355	20007354	2016/5/26	北京市	3006	195	4	拿铁
7422	20007421	2016/5/26	北京市	3004	191	1	拿铁
7440	20007439	2016/5/27	北京市	3005	143	1	拿铁
7587	20007586	2016/5/30	北京市	3004	198	3	拿铁
7805	20007804	2016/6/2	北京市	3006	175	1	拿铁
8125	20008124	2016/6/8	北京市	3005	133	1	拿铁

图 5-59

③ 然后使用逻辑判断是否符合 Filer 函数中的筛选条件[1 销售量]>200。显然结果为 44，小于 200，不满足条件，于是门店信息表中的北京市这行数据就被删除了，如图 5-60 所示。

门店	姓名	年龄
北京市	张三	28
嘉兴市	李四	39
杭州市	刘一	45

图 5-60

④ Filter 函数继续逐行扫描，循环执行前 3 步每一行扫描返回一个结果是否满足该城市销售量小于或等于 200 的条件，若小于或等于 200，则删除，若大于 200，则保留。该案例数据执行的最后结果是只有承德这一个城市满足了>200 的条件。我们可以想象一个虚拟的筛选后的表被创建了出来，这个表存在我们的数据模型中，并与所筛选的原表关联，如图 5-61 所示。

（3）Filter 函数的工作结束了，现在到了最后一步，即计算“1 销售量”度量值输出结果，即求得承德市门店在 2016 年第 2 季度拿铁咖啡的销售量为 209 杯。

整个过程执行完毕，图 5-62 所示为该度量值工作流程。

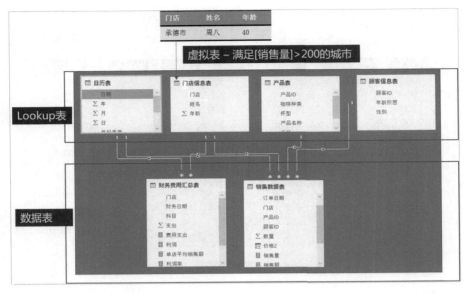

图 5-61

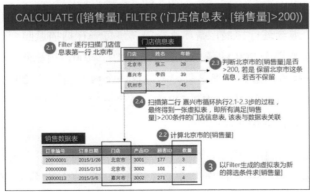

图 5-62

一个看似非常精短的公式后面却蕴藏着强大的计算威力，这就是 DAX 公式的魅力。 通过这个例子，相信读者已经很好地理解了 Filter 函数的基本工作流程。

Filter 函数与前面介绍的 9 个函数不同，它会对所筛选的表进行横向地逐行扫描，针对每一行循环地执行设定的筛选程序，这类函数被叫作 Iterator（迭代）函数，在第 7 章的 DAX 高级阶段学习中学习的 SumX 等带 "X" 的函数都属于该类迭代函数。它们与其他函数的主要区别是，在工作的时候可以意识到它所指的是哪一行，我们把这个工作叫作创造行上下文。

> 注意：迭代函数很强大，但是，也正是因为它具有强大的计算能力，我们在使用的时候要格外小心。逐行地运算，意味着它们可以触碰到表中最细的一层颗粒度。还是以上面的数据为例，如果门店信息表中有 100 个城市，要计算每个城市门店的销售量是否大于 200 杯，程序就会分别执行 100 次，再乘以最终输出表中单元格的数量。所以，如果是在有上百万行的数据表中筛选表，就可能有超过上亿次的计算量，那么你的电脑可能会因为庞大的计算量而变得运行缓慢。

因此，在使用 Filter 函数时有两个特别需要注意的地方：

（1）尽量在 Lookup 表里使用，而不要在数据表里使用（在我们使用的案例数据中，门店信息表的数据量远远小于销售数据表的数据量）。

（2）当使用 Calculate 函数的直接筛选功能可以完成工作时，一定不要使用 Filter 函数。前面提到过，Calculate 函数的筛选条件只能执行[列]=固定值（大于、小于等运算符同样适用）这一类的计算，当应对这一类筛选运算时，使用简单的 Calculate 函数运算起来最快。杀鸡焉用牛刀，只有当使用 Calculate 函数搞不定的时候，再使用 Calculate+Filter 函数。

到此，我们已经学习了 10 个 DAX 函数，不过 DAX 语言的入门阶段学习还没有结束，Filter 函数中还有一个 "小坑"，如果没有完全理解上下文概念和 Calculate 函数的工作原理，那么很有可能出现计算错误，所以请你一定要坚持学习完 5.7 节的内容，当你完整地学习完 DAX 语言入门阶段，才算是理解了 DAX 语言的精髓。

5.7 理解上下文：DAX 语言学习里程碑

在前面已经介绍了筛选器类和计算器类的函数，下面结合实践来从概念上了解上下文。

在 5.6 节中，我们写的第 10 个度量值公式的 Filter 函数中引用了度量值[1 销售量]
[1 销售量]=Sum（'销售数据表'[数量]）。现在来做一个实验，如果把 Filter 函数中的[1
销售量]替换成 Sum（'销售数据表'[数量]），那么会出现什么样的结果？结果如图 5-63
所示。

```
1  测试 销售量 = CALCULATE([1 销售量],
2                          FILTER('门店信息表',SUM('销售数据表'[数量])>200))
```

咖啡种类	年份季度	1 销售量	10 Filter销售量	测试 销售量
☐ 卡布奇诺	2016Q2	2974	209	2974
☐ 美式	2016Q3	8407	6496	8407
☐ 摩卡	2016Q4	12487	10259	12487
☑ 拿铁	**总计**	**23868**	**22501**	**23868**

图 5-63

怎么会出现不一样的结果？输出结果与度量值"1 销售量"的输出结果是相同的，
这是怎么回事？如果之前没有直接用度量值"1 销售量"，而是想一步到位，输入 Sum
函数来求和，那么不就出错了吗？现在知道还不晚，先略过这个问题，让我们系统地
学习一下关于上下文的概念和重新梳理 Calculate 函数的工作过程就明白为什么会这
样了。

什么是上下文？它的英文是 Context。对于一个非 IT 专业出身的人，第一次见到
"上下文"这个词时着实让我困惑，它让我想起了学生时代的阅读理解——理解文章
上下文的逻辑。其实道理是一样的，现在我们面对的表格就好比阅读理解的语段，我
们所有的操作，书写的数据表达式都是在这个语段中执行的。所以，上下文也就是执
行运算的环境范围，可以叫它上下文、语言背景、语境、场景……

我们做的数据分析都是在表格中进行的，表格由行和列构成，所以上下文也分为两种：筛选上下文和行上下文。筛选上下文是针对列的，行上下文是针对行的，它们是横向和竖向的区别，这样去理解就简单了，如图 5-64 所示。

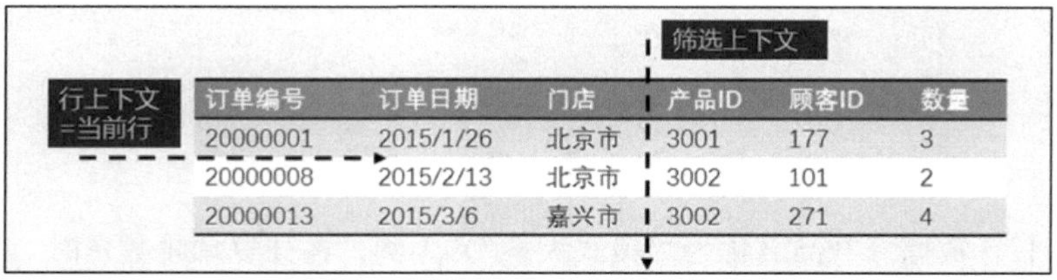

订单编号	订单日期	门店	产品ID	顾客ID	数量
20000001	2015/1/26	北京市	3001	177	3
20000008	2015/2/13	北京市	3002	101	2
20000013	2015/3/6	嘉兴市	3002	271	4

图 5-64

筛选上下文最容易理解，在前面针对筛选器类公式的学习中反复提到了“筛选条件”这个词，其实就是指的筛选上下文。比如在前面介绍第 6 个函数时，限定的条件是咖啡种类为拿铁，杯型为中杯，它的筛选上下文就是针对产品表中的“咖啡种类”列和“杯型”列，以拿铁中杯为条件筛选出来的表。

行上下文是针对行的。顾名思义，是要横向地看。最简单、最好用的理解方法就是：行上下文=当前行。比如我们在数据表中新建任意一列的时候，输入“=[顾客 ID]+2”，该运算就是在行上下文中完成的，即当前所在行，将每一行的顾客 ID 都加上 2（第 1 行是 2826+2=2828），如图 5-65 所示。

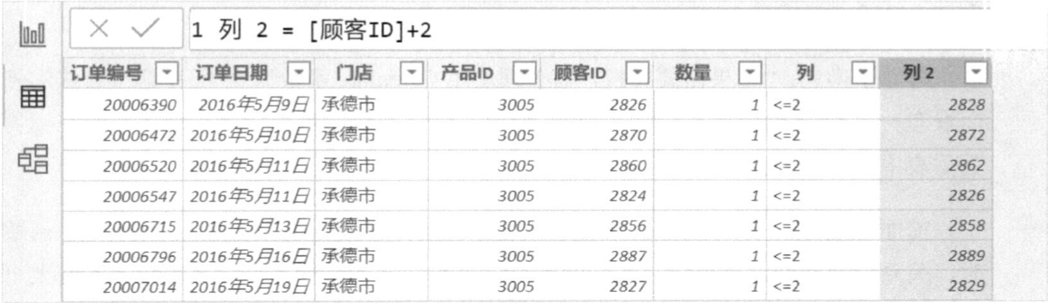

订单编号	订单日期	门店	产品ID	顾客ID	数量	列	列 2
20006390	2016年5月9日	承德市	3005	2826	1	<=2	2828
20006472	2016年5月10日	承德市	3005	2870	1	<=2	2872
20006520	2016年5月11日	承德市	3005	2860	1	<=2	2862
20006547	2016年5月11日	承德市	3005	2824	1	<=2	2826
20006715	2016年5月13日	承德市	3005	2856	1	<=2	2858
20006796	2016年5月16日	承德市	3005	2887	1	<=2	2889
20007014	2016年5月19日	承德市	3005	2827	1	<=2	2829

图 5-65

为了更好地理解行上下文的概念，下面换一张表再来做一个试验。在产品表中新建列“咖啡数量”（= Sum（'销售数据表'[数量]）），结果是每一行都返回同一个结果 54245，如图 5-66 所示。这是为什么呢？

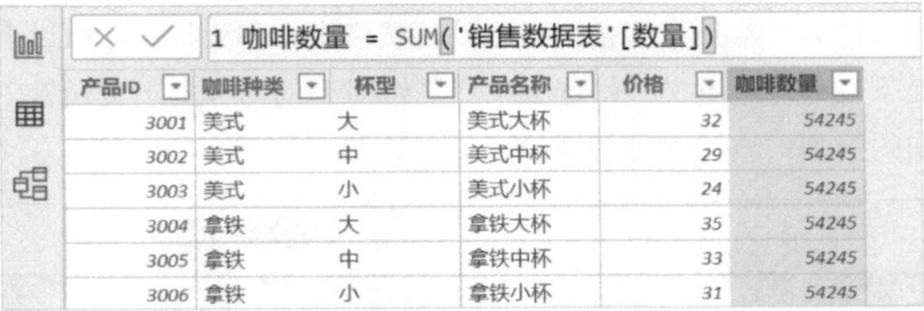

1 咖啡数量 = SUM('销售数据表'[数量])

产品ID	咖啡种类	杯型	产品名称	价格	咖啡数量
3001	美式	大	美式大杯	32	54245
3002	美式	中	美式中杯	29	54245
3003	美式	小	美式小杯	24	54245
3004	拿铁	大	拿铁大杯	35	54245
3005	拿铁	中	拿铁中杯	33	54245
3006	拿铁	小	拿铁小杯	31	54245

图 5-66

以第 1 行数据（产品名称为“美式大杯”）为例，在计算咖啡数量时，行上下文是产品表中的当前行，而计算的公式 Sum（'销售数据表'[数量]）是求数据表中“数量”列的总计。两者在不同的表中，所以产品表的行上下文对数据表的计算并没有影响，输出的结果为销售数据表中“数量”列的总计 54245。你可能会问，不对啊，记得在我们的数据模型关系是产品表与数据表之间是以“咖啡种类”建立的一对多关系，为什么没有求得美式大杯咖啡对应的销售数量呢？关键就在这里了，一定要记住一条规则：行上下文不会自动转换成筛选上下文，如果需要转换，则必须使用 Calculate 函数。

先以这句话的前半句来看我们的案例，第一行是“美式大杯”这个行，它的行上下文就是当前所在行，而 Sum 函数计算的是销售数据表中“数量”列的总和，“行上下文不会自动转换成筛选上下文”的含义是，当前所在行不会转成筛选数据的信号传达到销售数据表中，也就是说，对销售数据表并没有进行任何筛选，所以输出的值是总计 54245。

再看下半句：“如果需要转换，则必须使用 Calculate 函数”，下面在这个公式的外面嵌套一个 Calculate 函数，如图 5-67 所示，这一次我们可以成功求得该产品在销售数据表中所对应的销售量。

前面曾把 Calculate 函数比作整个关系模型的引擎启动键，当加入 Calculate 函数时，关系模型启动，数据信号顺流而下，这个数据信号将行上下文转换成了筛选上下文，按照当前行中咖啡种类（美式大杯咖啡）这个筛选条件对销售数据表进行筛选，于是我们得到了所有美式大杯咖啡的销售量总和。同样，通过这个关系可以求出其他行每个产品 ID 在销售数据表中对应的销售量，如图 5-68 所示。

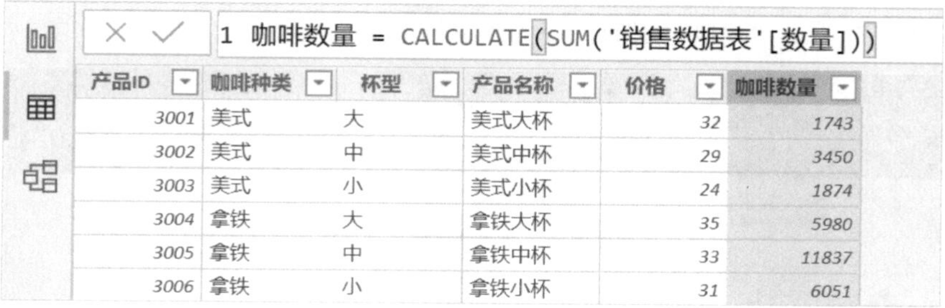

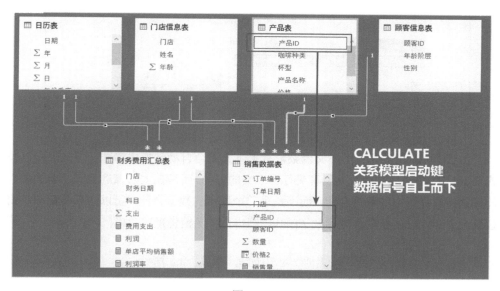

图 5-67

图 5-68

通过这个例子，我想读者可以大概了解在本节开头所介绍的那个很容易发生的错误，即为什么"测试销售量"度量值引用"Sum（'销售数据表'[数量]）"与直接使用"1 销售量"度量值效果会不同，如图 5-69 所示。

```
1  测试 销售量 = CALCULATE([1 销售量],
2                         FILTER('门店信息表',SUM('销售数据表'[数量])>200))
```

图 5-69

如图 5-70 所示为把该公式的核心运算步骤进行了分解。

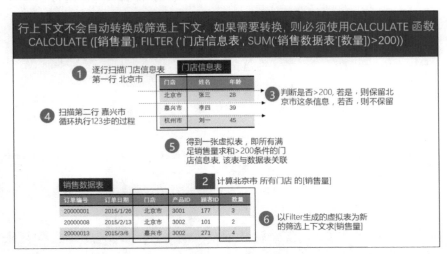

图 5-70

由于 Filter 函数是行上下文函数，行上下文不会自动转换成筛选上下文，所以公式 Sum（'咖啡数据'[数量]）并没有受行上下文的影响，而是在大的筛选上下文前提中，计算销售数据表中的数量合计，而不是求单个城市的数量合计，所以结果是都满足销售量大于 200 杯的条件，这导致了[测试 销售量]=[1 销售量]，如图 5-71 所示。

年份季度	1 销售量	10 Filter销售量	测试 销售量
2016Q2	2974	209	2974
2016Q3	8407	6496	8407
2016Q4	12487	10259	12487
总计	**23868**	**22501**	**23868**

图 5-71

如果这个时候给 Sum 函数外套一个 Calculate 函数，则得到的结果将与[10 Filter 销售量]度量值完全一样。外套 Calculate 函数的作用是把 Filter 函数中的行上下文（当前行）转换成了以门店为筛选条件的筛选上下文，完成每一行门店对应的销售数据表中"数量"列求和>200 的测试，再以完成测试后返回的虚拟表来确定最终 Filter 函数生成筛选上下文，最后求"1 销售量"度量值（该过程与 5.6 节讲解的 Filter 函数的工作流程相同）。

　　为什么度量值"1 销售量"没有外套 Calculate 函数却能达到同样的上下文转换效果？答案很简单，所有的度量值都自带 Calculate 函数的功能，我们把这个 Calculate 函数叫作"隐藏的 Calculate 函数"，如图 5-72 所示。

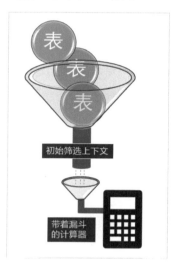

图 5-72

　　这个逻辑也不难理解，Calculate 函数的语法构成中包括两部分，一个是筛选器限定筛选条件，另一个是计算器执行计算。对于度量值，可以把它比作带着漏斗的计算器，这正好与 Calculate 函数的语法构成是一致的。也就是说，度量值自带 Calculate 函数的功能。所以，当你下次看到类似[1 销售量]=Sum（'销售数据表'[数量]）的公式时，或者看见任意的度量值时，就会有意识地知道它其实是 Calculate（Sum（'销售数据表'[数量])），即外面套了一个隐藏的 Calculate 函数。

　　这是一个新手很容易掉进去的"坑"，不过通过这一节的学习，我想读者应该懂得了怎样从"坑"里爬出来。本节最重要的两个知识点请一定要记住：第一，行上下文不会自动转换成筛选上下文，如果需要转换，则必须使用 Calculate 函数；第二，度量值都自带天然的 Calculate 函数。

　　为了让读者透彻地理解 Filter 函数，下面再来做一个练习。如果在门店信息表中有一列记录了每一家门店的季度目标值（为了案例演示的需要，这一列可在 Excel 源文件中使用 Randbetween 函数随机生成 30~200 的数字），如图 5-73 所示。

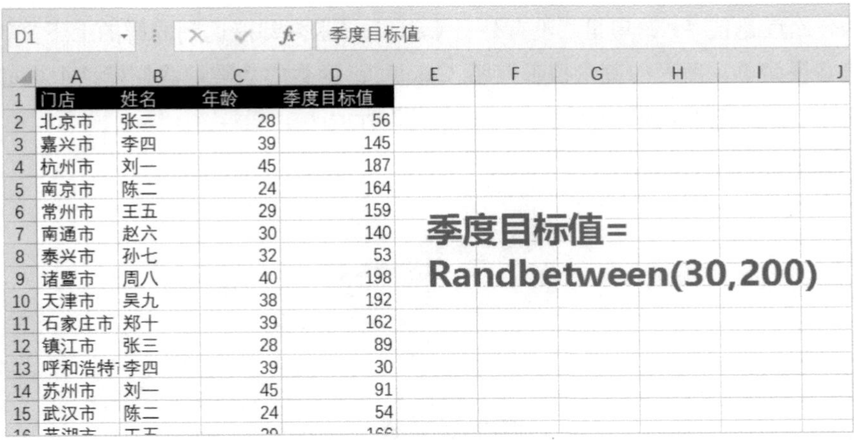

	A	B	C	D
1	门店	姓名	年龄	季度目标值
2	北京市	张三	28	56
3	嘉兴市	李四	39	145
4	杭州市	刘一	45	187
5	南京市	陈二	24	164
6	常州市	王五	29	159
7	南通市	赵六	30	140
8	泰兴市	孙七	32	53
9	诸暨市	周八	40	198
10	天津市	吴九	38	192
11	石家庄市	郑十	39	162
12	镇江市	张三	28	89
13	呼和浩特	李四	39	30
14	苏州市	刘一	45	91
15	武汉市	陈二	24	54

图 5-73

有了目标值，那么如何求每个季度完成相应目标的门店总销售量是多少？具体思路是先求得每一家门店的季度销售量实际值是多少，再与目标值相比，如果满足条件：[季度目标值]<=[实际值]，则保留，最后再求所有完成目标条件的门店的销售量。

具体公式如图 5-74 所示。

```
完成目标的门店销售量 = CALCULATE([1 销售量],
        FILTER('门店信息表','门店信息表'[季度目标值]<=[1 销售量]))
```

图 5-74

同时，还可以计算未完成目标的门店的销售量，如图 5-75 所示。

```
未完成目标的门店销售量 = CALCULATE([1 销售量],
        FILTER('门店信息表','门店信息表'[季度目标值]>[1 销售量]))
```

图 5-75

最终得到如图 5-76 所示的结果（因为该目标数据是随机生成的，得到的结果与读者得到的结果会不相同，但完成目标与未完成目标门店的销售量相加应等于“1 销售量”度量值）。

下面再介绍一个小技巧，度量值“完成目标的门店销售量”的名称的字数较多，显示不是很美观，可以双击矩阵表栏中的“值”项目，修改度量值显示的名称，这个修改不会影响度量值的名称，如图 5-77 所示。

年份季度	1 销售量	完成目标的门店销售量	未完成目标的门店销售量
2015Q1	68		68
2015Q2	888	538	350
2015Q3	1768	1319	449
2015Q4	3299	2902	397
2016Q1	4088	3084	1004
2016Q2	8969	8756	213
2016Q3	14617	14171	446
2016Q4	20548	20036	512
总计	**54245**	**53744**	**501**

图 5-76

修改后将得到如图 5-78 所示的效果。

图 5-77　　　　　　　　　　　图 5-78

回到度量值"完成目标的门店销售量"，通过前面的学习，不难理解 Filter 函数的工作逻辑是横向扫描门店信息表的每一行，比如第一行的北京市门店的季度目标值为 56，再通过度量值"1 销售量"中隐藏的 Calculate 函数把当前行上下文转换成筛选上下文，求得该季度北京市门店的销售量，最后与目标值 56 比较，若大于或等于 56，则保留，若小于 56，则除去。以此类推，每一行执行该逻辑运算。

如果把这里的度量值"1 销售量"替换为 Sum 函数呢（见图 5-79）？

```
1 完成SUM = CALCULATE([1 销售量],
2             FILTER('门店信息表',
3                 '门店信息表'[季度目标值]<=SUM('销售数据表'[数量])))
```

图 5-79

显然，我们现在知道它们的区别是：Sum 函数不会把行上下文转换成筛选上下文，而是求得该季度全部门店的销售量，再与季度目标值做对比。结果如图 5-80 所示，仅有 2015Q1（2015 年第 1 季度）的"1 销售量"度量值不等于"完成 SUM"度量值的计算结果，这个结果的含义是，2015Q1 出现了季度目标值大于全部门店销售总量的分店。

年份季度	1 销售量	完成	完成SUM
2015Q1	68		
2015Q2	888	538	888
2015Q3	1768	1319	1768
2015Q4	3299	2902	3299
2016Q1	4088	3084	4088
2016Q2	8969	8756	8969
2016Q3	14617	14171	14617
2016Q4	20548	20036	20548
总计	**54245**	**53744**	**54245**

图 5-80

在这个案例中，虽然使用 Sum 函数是一个错误应用，但很多时候我们需要用的恰恰是 Sum 函数而不是直接写度量值"1 销售量"。比如有些门店的季度目标值可能设定得太高了，如果想把季度目标值超过全部门店销售总量三分之一的分店找出来，那么可以写如图 5-81 所示的公式。

```
1  目标设定过高的门店销售量 = CALCULATE([1 销售量],
2          FILTER('门店信息表',
3             '门店信息表'[季度目标值]>SUM('销售数据表'[数量])/3))
```

图 5-81

其实公式没有绝对的对与错，计算结果取决于它应用的场景，而这个场景就是我们本节学习的"上下文"。

Filter（'表','表'[列]=公式）和 Filter（'表','表'[列]=[度量值]）是两个常用的公式句型。下面对比这两个公式，Filter 函数的逻辑是按照以下 3 步来完成的，如图 5-82 所示。

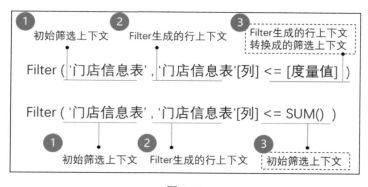

图 5-82

（1）在此案例矩阵表中，日期表中的"年份季度"放在了行中，用于对数据做筛选。这是大的筛选前提。比如第一行为"2015Q1"，即 Filter 函数是在初始筛选上下文"2015Q1"中开始工作的。

（2）Filter 函数是行上下文函数，对第一部分确定的范围 2015Q1 下的门店信息表逐行扫描，即北京市、嘉兴市、杭州市……

（3）这两个公式的前两步骤是一模一样的，区别在于第三步。度量值隐藏的 Calculate 函数把行上下文转换成筛选上下文，而 Sum 函数无 Calculate 函数引擎，不会做上下文转换，所以它会在初始筛选上下文下运算，即在 2015Q1 中计算销售数据表中数量列的总和，如图 5-82 所示。

最后，在 Filter 函数最终确定的筛选范围下，计算器的部分执行运算输出结果，如图 5-83 所示。

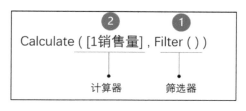

图 5-83

至此，我以非常唠叨的方式介绍完 Filter、Calculate 函数和上下文概念，因为在 DAX 语言的学习过程中，这是一个里程碑，至关重要。如果你已经全面掌握 DAX 语言入门阶段的内容，那么恭喜你已经攻下了 DAX 中最艰苦的部分，以后的学习都将是顺水推舟，触类旁通即可。

第 6 章

DAX 语言进阶：最简单也是最好用的

Simple，so charming.

（简单，所以迷人。）

——《闻香识女人》

6.1　Divide 函数：安全除法

本章会开启新的 DAX 函数学习阶段，这个阶段的学习更容易是因为这些函数与 Excel 的函数基本一样，如果你会用 Excel 中的 If 和 Vlookup 函数，那么本章的内容其实就算不上新的知识，然而最简单的往往也是最好用的。

前面学习的 10 个函数都是通过新建度量值完成的，而从第 11 个函数到第 16 个函数的学习，我们将加入新建列的案例操作，这样会让读者有完整的学习体验。

首先学习 Divide 函数，这是一个非常常用的函数，原因是我们做数据分析时很多指标都是相对值，例如环比增长率、利润率、存货周转率、离职率、借款逾期率……它们的数学表达式都是使用了除法。比如前面计算的单店销售量，我们是用运算符"/"来完成的，现在也可以用 Divide(分子，分母)来计算，如图 6-1 所示。

```
1  单店销售量 = divide([1 销售量],[5 单店数量])
```

图 6-1

Divide(分子，分母)可谓安全除法，它的好处是可以在分母为 0 时防止出现报错信息。比如新建一列，求[数量]/0，把 0 作为分母，你会看到结果为无穷大（∞），如图 6-2 所示。

订单编号	订单日期	门店	产品ID	顾客ID	数量	列	列2	列3
20006390	2016年5月9日	承德市	3005	2826	1	<=2	2828	∞
20006472	2016年5月10日	承德市	3005	2870	1	<=2	2872	∞
20006520	2016年5月11日	承德市	3005	2860	1	<=2	2862	∞
20006547	2016年5月11日	承德市	3005	2824	1	<=2	2826	∞
20006715	2016年5月13日	承德市	3005	2856	1	<=2	2858	∞
20006796	2016年5月16日	承德市	3005	2887	1	<=2	2889	∞
20007014	2016年5月19日	承德市	3005	2827	1	<=2	2829	∞
20007038	2016年5月19日	承德市	3005	2868	1	<=2	2870	∞

图 6-2

而使用公式 Divide（[数量],0），得到的结果为空值。在 Divide 函数的表达式中，除了分子和分母，其实还有一个可选项，如果不选则默认返回空值。我们也可以特别设定，比如将此可选项设为 1，则当分母是 0 时返回 1。这个可选项可以根据我们的需要来设定，如图 6-3 所示。

图 6-3

当然，你可能会问，Divide 函数这个安全除法在实际应用中有什么好处呢？现在就来看一个例子。在统计分析中，我们经常要计算环比增长率，比如求年比年的环比增长率，即等于当年销售量减去去年销售量再除以去年的销售量，求去年的销售量会使用到后面要介绍的 Previousyear（上一年）函数，下面写两个公式来对比一下，一个使用运算符"/"，一个使用 Divide 函数，如图 6-4 所示。

```
1  年比年增长率 = ([1 销售量]-CALCULATE([1 销售量],PREVIOUSYEAR('日历表'[日期])))
2                /
3                CALCULATE([1 销售量],PREVIOUSYEAR('日历表'[日期]))
```

```
1  年比年增长率Divide = DIVIDE( ([1 销售量]-CALCULATE([1 销售量],PREVIOUSYEAR('日历表'[日期])))
2                ,
3                CALCULATE([1 销售量],PREVIOUSYEAR('日历表'[日期])))
```

图 6-4

现在把这两个公式放到矩阵表中看一下，如图 6-5 所示。

年	年比年增长量	年	年比年增长率Divide
2015	无穷大	2016	7.01
2016	7.01	总计	
总计	无穷大		

图 6-5

使用运算符"/"时，由于没有 2014 年的数据，2015 年的环比增长率出现了分母为 0 的情况，结果为 Infinity（无限大）。如果使用 Divide 函数，则可以返回空值。不要小看了这个空值，Power BI 的图表与 Excel 的数据透视表一样，它们会默认隐藏那些没有数据的项目，即空值。使用 Divide 函数计算的年比年增长率会隐藏 2015 年的空值，在很多时候我们是非常需要这种功能的。如果没有 Divide 函数，那么我们可能要绕弯路，使用 If 或 Iferror 函数才能达到同样的效果。

关于 Divide 函数的用法就介绍到这里，自从我学会了 Divide 函数，就已经很少使用运算符"/"来做除法题了。

6.2　If/Switch 函数：逻辑判断

关于 If 函数，我想大多数人都了解它的用法：如果……则……否则……，这是一个常见的逻辑，比如妻子给丈夫发一条信息：If （按时下班，回家做饭，别回来了）。

在 Power BI 中，If 函数的应用与 Excel 中的 If 函数基本一样，此外，它同 Divide 函数类似，最后一个参数"否则"也是可选项，如果省略，则默认返回空值。比如 If （>2,">2"），如果不写最后一个参数，那么它会默认返回空值。

If 函数用起来经常让人头疼的地方是，当有特别多的条件时，就会"外套"套"外套"。比如，对于图 6-6 所示的门店信息表中店长的年龄，可以按照区间进行年龄段的分层。

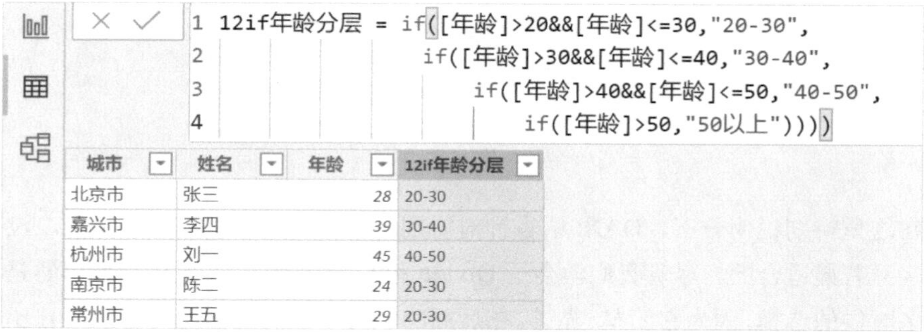

图 6-6

这个公式比较长，即使使用换行把它们排列开，依然是"外套"套"外套"，4个分层就需要 4 个 If 函数嵌套来完成。而这个时候如果使用 Switch 函数就可以很好地解决去"外套"的问题。新建一个度量值，用 Switch + True 函数的方法来定义不同条件的返回值，明显会使表达式更清晰，如图 6-7 所示。

图 6-7

Switch+True 函数适用于逻辑判断，如果逻辑判断是以一个准确值作为依据，那么 Switch 函数还可以直接引用表达式，比如在日历表中根据月份输出中文月份的名称，如图 6-8 所示。

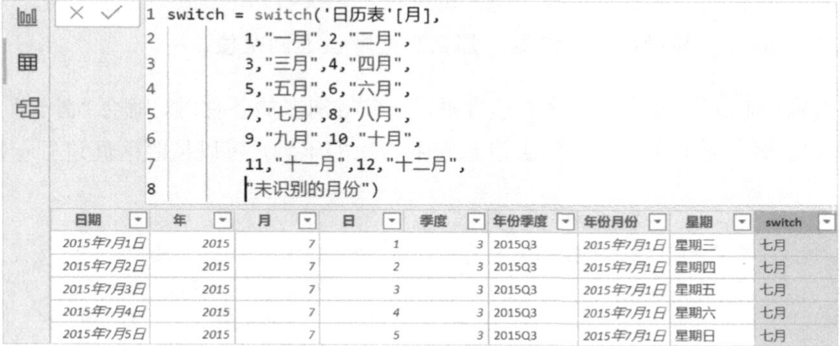

图 6-8

在这里特别说明一下，DAX 语言针对特别情况设计的高级公式有很多，没有最好的，只有最适合的。尽管我们学会了 Divide 和 Switch 函数，但 If 函数仍然是我们在大多时候的选择，因为它简单、靠谱。在后面的学习中我们也会经常使用到 If 函数。

6.3 关系函数：Related、Relatedtable 和 Lookupvalue

谈到关系，下面要再次把之前建立模型结构图拿出来，如图 6-9 所示。从中可以一目了然地看出之前建立的 Lookup 表与数据表之间是一对多的关系。建立模型的一个重要意义就是可以避免扁平化表格（即把所有的数据整合到一张表里）。避免扁平化是一般理想情况，然而对于一些特别情况，例如需要查找其他表里的数据时，应该怎么做呢？

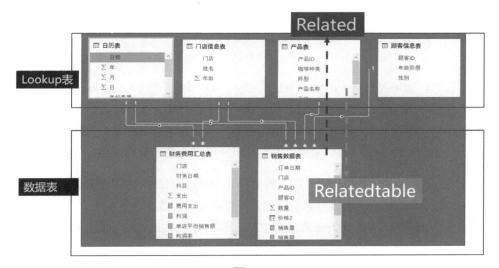

图 6-9

Related 函数与 Excel 中的 Vlookup 函数作用很相似。在销售数据表中，如果我们想添加一列，以获取产品表中的杯型信息，则只需要使用 Related 函数关联"产品名称"列即可，如图 6-10 所示。是不是很简单！

订单编号	订单日期	门店	产品ID	顾客ID	数量	列	列 2	列 3	产品名称
20006390	2016年5月9日	承德市	3005	2826	1	<=2		2828	1	拿铁中杯
20006472	2016年5月10日	承德市	3005	2870	1	<=2	<=2	2872	1	拿铁中杯
20006520	2016年5月11日	承德市	3005	2860	1	<=2		2862	1	拿铁中杯
20006547	2016年5月11日	承德市	3005	2824	1	<=2		2826	1	拿铁中杯
20006715	2016年5月13日	承德市	3005	2856	1	<=2		2858	1	拿铁中杯
20006796	2016年5月16日	承德市	3005	2887	1	<=2		2889	1	拿铁中杯
20007014	2016年5月19日	承德市	3005	2827	1	<=2		2829	1	拿铁中杯

公式栏：1 产品名称 = RELATED('产品表'[产品名称])

图 6-10

当然还可以把它嵌入其他的公式中，比如想要建立公式：收入=数量*价格，则可以写为：收入=[数量]*related（'产品表'[价格]），如图 6-11 所示。

图 6-11

反过来，如果我们从一对多关系中的"一"的一端去查找（Vlookup）"多"的一端呢？显然，因为"多"的一端是多条数据，一个产品 ID 在销售数据表中对应的订单有数千条，返回的就不可能是唯一值，而是一张表，我们不可能把这几千条数据都装到一个单元格中，所以我们需要的是对这几千条数据进行聚合运算。

例如，在产品表中添加一个"订单数量"列，求每种产品对应的订单数量是多少。前面介绍过，Countrows 函数可以引用表，计算该表的行数。这里使用 Relatedtable 函数引用表，把该产品 ID 在销售数据表中对应的表信息抓出来，再通过 Countrows 函数求得这个关联表的行数，即订单数量，如图 6-12 所示。

图 6-12

Related 函数是一个特别的函数，它是专为关系管道建立的，所以使用它的时候不用考虑上下文在关系模型中转换的问题。

Related 函数可以实现 Vlookup 函数的作用，其实在 DAX 语言中，与 Vlookup 函数最相似的函数不是 Related 而是 Lookupvalue。我不得不提起它，只因为它可以做到对多个项目进行查询。

下面实际操作一下。在销售数据表中有"咖啡种类"和"杯型"这两列。在产品表中，也有"咖啡种类"和"杯型"这两列，并且通过咖啡种类和杯型可以对应到它们的价格信息。现在想要在销售数据表中，通过咖啡种类和杯型查询产品表中的价格数据，对于这种多条件查询的需求，如果是使用 Vlookup 函数，则需要先把咖啡种类和杯型合并成产品名称，再去查找。而现在有了 Lookupvalue 函数就可以一步到位实现查找，如图 6-13 所示。

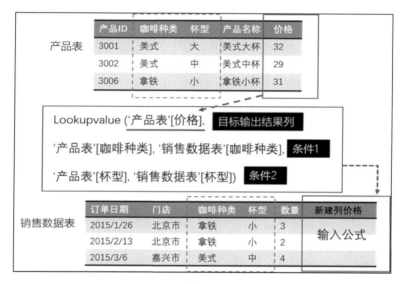

图 6-13

Lookupvalue 函数主要包括 3 个部分：

第一，输入目标输出结果的列名称，即产品表中的"价格"列。

第二，输入目标表中将要搜索的范围。

第三，输入原表中需要搜索的关联字段。

Lookupvalue 函数中的条件个数还可以增加，可以精准地帮我们定位到要搜索的信息，而且它与 Excel 中的 Vlookup 函数一样，不需要像 Related 函数以表关联作为基础，无关联的表也可以通过相同字段条件去查询，如图 6-14 所示。当我学会使用 Lookupvalue 函数来实现多条件查询后，我只能无情地说 Vlookup 函数简直是"弱爆"了。

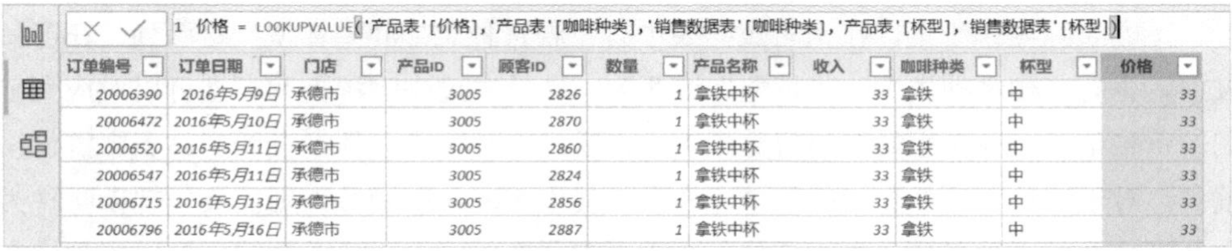

订单编号	订单日期	门店	产品ID	顾客ID	数量	产品名称	收入	咖啡种类	杯型	价格
20006390	2016年5月9日	承德市	3005	2826	1	拿铁中杯	33	拿铁	中	33
20006472	2016年5月10日	承德市	3005	2870	1	拿铁中杯	33	拿铁	中	33
20006520	2016年5月11日	承德市	3005	2860	1	拿铁中杯	33	拿铁	中	33
20006547	2016年5月11日	承德市	3005	2824	1	拿铁中杯	33	拿铁	中	33
20006715	2016年5月13日	承德市	3005	2856	1	拿铁中杯	33	拿铁	中	33
20006796	2016年5月16日	承德市	3005	2887	1	拿铁中杯	33	拿铁	中	33

图 6-14

6.4 Time Intelligence 函数：时间智能函数

时间智能函数是一个系列时间函数的打包，用来从时间维度对比数据。在实际的数据分析中，经常会遇到诸如此类的问题：与去年同期比较情况如何？与上个月比较情况如何？截至某一日今年任务完成了多少？……时间智能函数可以说是 Power BI 的又一个伟大的发明，因为做商业数据分析不可避免地会分析时间维度，而这类函数可以让你随心所欲地拨动时间轴，就好像时光机，只要选择了你想要的时间段或时间点，就可以调取那部分数据。

使用时间智能函数的前提是要有一张日历表。日历表分为两种：标准的日历表和定制的日历表。标准的日历表是指我们常用的日历表，即按一年 12 个月共 365 天（闰年 366 天）计算，时间智能函数默认会使用标准日历来计量。

为什么会有定制的日历表？因为很多时候，数据计量的时间并不是按照标准日历，例如一些美国企业用“445”的周历（每个季度有 13 周，第一个月、第二个月是 4 周，第三个月是 5 周），很多中国香港上市公司的财务年度划分是从本年的 4 月 1 日开始到下一年的 3 月 31 日结束，再例如分析每个月的数据时，2 月的天数比其他月份少，会影响公平性……简而言之，对于很多情况我们都需要一张定制的日历表。标准的日历表和定制的日历表这两种类型的日历表应用都很常见，我们都要学习，学习次序为先学做标准的日历表，再学做定制的日历表。

至于如何获得这样一张日历表，方法有很多，利用 Excel 制作的方法最简单常用，可以在 Excel 中通过常用的日期函数来编辑，如图 6-15 所示。

	A	B	C	D	E	F	G	H	I	J	K
1	日期	年	月	日	季度	年份季度	年份月份	星期			
2	2015/1/1	2015	1	1	1	2015Q1	2015-01	星期四	2015	=month(A2	
3	2015/1/2	2015	1	2	1	2015Q1	2015-01	星期五		MONTH(serial_number)	
4	2015/1/3	2015	1	3	1	2015Q1	2015-01	星期六			
5	2015/1/4	2015	1	4	1	2015Q1	2015-01	星期日			
6	2015/1/5	2015	1	5	1	2015Q1	2015-01	星期一			
7	2015/1/6	2015	1	6	1	2015Q1	2015-01	星期二			
8	2015/1/7	2015	1	7	1	2015Q1	2015-01	星期三			
9	2015/1/8	2015	1	8	1	2015Q1	2015-01	星期四			

图 6-15

此外，另一种常见的方法是在 Power Query 中直接建立一张日期表，这样就不用再担心数据源表变更的问题了。下面就介绍这种制作日历表的方法。基本步骤如下所示。

（1）新建一个空查询，如图 6-16 所示。

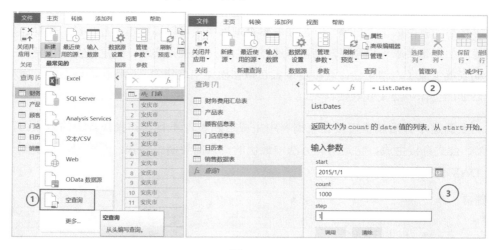

图 6-16

（2）在公式栏中输入公式：=List.Dates。注意，在编辑查询器中输入的公式用的不是 DAX 语言，而是 M 语言，这里要区分大小写（这可能是本书唯一用到 M 语言的地方）。输入 Start（日期起点）、Count（长度）、Step（颗粒度）（图 6-17 中以 2015 年 1 月 1 日为起点，长度为 1000 天，颗粒度即间隔为 1 天）。

（3）再单击"转换"选项卡中的"到表"命令，将其转换成表格格式，如图 6-17 所示。

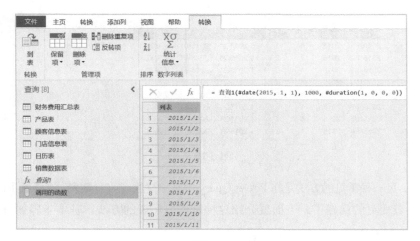

图 6-17

之后，就生成了"日期"列，在编辑查询器中，可以添加年、月、日、季度、星期等。如果想要求年份季度，则可以通过添加自定义列来实现。到这里，一张完整的日期表就生成了。请记住，这个日期表在数据模型中是作为 Lookup 表使用的，所以在后续的工作中要关联好数据表。

上面这个方法属于直接在查询器中生成日期表，还有一种我最青睐的方式：写 DAX 公式直接生成。它是所有方法中最快的，只需要两个步骤：新建表，再复制一段 DAX 公式，如图 6-18 所示。

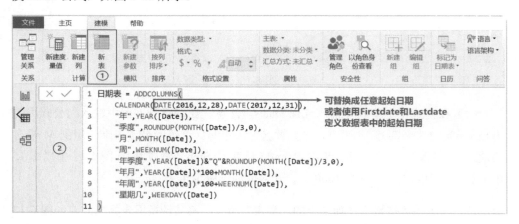

图 6-18

为什么说这是一个非常好用的方法？理由有 4 点：

（1）在图 6-19 所示的例子中，Calendar 函数生成了一张 2016 年 12 月 28 日到 2017年 12 月 31 日的日期表。这里的日期可以随意地替换。

图 6-19

并且，还可以把起始日期替换成 Firstdate 和 Lastdate 函数，比如使用 Firstdate('销售数据表'[订单日期])，可以得到销售数据表中的最早订单日期，Lastdate 函数可以得到最近的日期，此方法生成的日期表将永远等于数据表的日期范围，这往往也是我们想要得到的效果。

（2）Addcolumns 函数的含义是在生成日期表基础上添加列，这与使用 Excel 制表的逻辑是一样的。利用基本的日期函数 Year、Month、Weeknum 和算式求得每一个日期的年/季度/月/日，这些函数与 Excel 函数相同，对 Excel 的使用者来讲不难理解。

（3）注意，在建立"年月"列时，使用的方法是 Year([Date])*100+Month([Date])，而不是利用 Format 函数生成"年份月份"的文本格式。这样的好处是在后期使用中不会产生后面要讲到的日期表排序问题（比如经常会遇到"2016 年 11 月"排在"2016年 2 月"前面的情况，而用"201611"和"201602"这种格式就很好地避免了这种问题），如图 6-20 所示。

（4）这个公式并不难，保存下来可以通过复制和粘贴使用。即使手工输入也不会很费力气。最重要的是你能够理解此公式的含义，根据自己的需要利用 Excel 的简单日期函数进行调整。

本书介绍的方法仅供读者参考，多一种方法多一种思路。只要有自己惯用的方法，无论使用哪种都没有任何问题。

图 6-20

接下来是 DAX 语言进阶学习中最重点的部分——时间智能函数。

时间智能函数是一个系列函数的打包，如果在微软官方网站的公式库里搜索你会有点儿晕，这里一共有 35 个函数（见图 6-21）！这么多怎么学习？

图 6-21

其实不用担心，对于这类函数的学习，我们不必记住所有函数的用法，只需要知道它们的存在并且随用随查就可以。为了学习起来更容易，我把其中最基本的函数按照时间段和时间点进行了划分，如表 6-1 所示。

表 6-1

时间类别	序号	公式	语法	备注说明
时间段	1	datesytd(mtd/qtd)	('日历表'[日期列], 可选项可定义截止日期)	本年至今累计(月/季度)
	2	dateadd	('日历表'[日期列],间隔,间隔类型年月日)	经常用于求年比年、月比月增长率Dateadd('日历表'[日期],-1,year)
		sameperiodlastyear	('日历表'[日期列])	Sameperiodlastyear('日历表'[日期])=Dateadd('日历表'[日期],-1,year)
	3	previousmonth(day/quarter/year)	('日历表'[日期列])	上一个月的日期(日/季度/年)
		nextmonth(day/quarter/year)	('日历表'[日期列])	下一个月的日期(日/季度/年)
		parallelperiod	('日历表'[日期列],间隔,间隔类型年月日)	与Dateadd相似，但是它会把筛选上下文的结果扩大到选择的间隔类型颗粒度
	4	datesbetween	('日历表'[日期列],开始日期,结束日期)	配合firstdate和lastdate可求累计至今
		datesinperiod	('日历表'[日期列],开始日期,间隔,间隔类型)	30天移动平均:Calculate([销售量],Datesinperiod('日历表'[日期列],max('日历表'[日期列]),-30,day))/30
时间点	5	firstdate	('日历表'[日期列])	日期的min()，即最小日期
		lastdate	('日历表'[日期列])	日期的max()，即最大日期
	6	endofmonth(quarter/year)	('日历表'[日期列])	本月的最后一天(季度/年)
		startofmonth(quarter/year)	('日历表'[日期列])	本月的第一天(季度/年)
计算类(可替代)	7	totalytd(mtd/qtd)	([度量值表达式],'日历表'[日期列])	Totalytd([销售量],'日历表'[日期]=Calculate([销售量], datesytd('日历表'[日期])
	8	closingbalancemonth(quarter/year)	([度量值表达式],'日历表'[日期列],可选项)	Closingbalancemonth([销售量],'日历表'[日期]=Calculate([销售量], endofmonth(日历表'[日期])
		openingbalancemonth(quarter/year)	([度量值表达式],'日历表'[日期列],可选项)	一般可用在求月底存货或现金余额

假如有一张标准的日历表（2015 年 1 月 1 日到 2016 年 12 月 31 日），通过筛选器可以生成日历表的筛选上下文（2016 年 9 月 1 日到 2016 年 9 月 5 日），如图 6-22 所示。

图 6-22

下面就以该上下文为例对时间智能函数进行介绍。

1．时间段函数

顾名思义，时间段函数指的是一个时间区间。它们的共同点是返回的都是一张表，例如表 6-1 所示的第一组公式中有开始日期和结束日期，连接起来就是时间区间。

Datesytd 对应的英文单词是 Year To Date，意思是本年至今累计。在当前上下文环境下，Datesytd（'日历表'[日期]）返回的是 2016 年 1 月 1 日至 2016 年 9 月 5 日。而 Datesqtd 函数和 Datesmtd 函数的工作原理相同，只不过求的是本季度和本月累计。

第二组函数为 Dateadd 函数，即按照指定的间隔返回一个时间区间，如 Dateadd（'日历表'[日期],-1,year），将返回上一年的时间区间，即 2015 年的 9 月 1 日至 9 月 5 日。Dateadd 函数不仅可以限定年为间隔，还可以以月、日为单位，并且调整前后方向，负数为朝向历史，正数为朝向未来。比如这里如果用 1，就是指 2017 年的 9 月 1 日至 9 月 5 日（前提是该标准日历表中需要包含 2017 年的日期）。

而 Sameperiodlastyear 函数的英文意思是上年同期，把它与 Dateadd 函数分在了同一组里，是因为它与 Dateadd（'日历表'[日期],-1,year）的运算结果完全相同。可以说，Dateadd 函数包含 SamePeriodLastYear 函数的功能。

第三组函数也是按日期间隔来分析的，它们可以返回指定间隔的所有日期。比如前面计算的年比年增长率用到过 Previousyear 函数，它会把时间定位到上一年一整年的时间段，如图 6-23 所示。

```
1  年比年增长率Divide = divide((([1 销售量]-calculate([1 销售量],previousyear('日历表'[日期])))
2                                                 ,
3                                                 calculate([1 销售量],previousyear('日历表'[日期])))
```

图 6-23

使用公式 Previousyear（'日历表'[日期]）将返回 2015 年的全年日期（2015 年 1 月 1 日至 2015 年 12 月 31 日）。对于 Nextyear 函数同理，返回 2017 年的全年日期（当然前提是日历表包含 2017 年，而我们的案例数据中无 2017 年数据）。Parallel 的英文意思是平行，Parallelperiod 函数的效果同 Previous 函数和 Next 函数，而且可以像 Dateadd 函数一样，根据需要调整间隔和前后方向。

通过上面的详解，读者不难理解为什么这里要把 Previous、Next、Parallelperiod 函数归为同一组了，第三组与第二组虽然相似，但区别在于，指定间隔的颗粒度可能会大于上下文的日期，在这种情况下，它们会扩大原有的上下文，返回整个月、季度、年的日期。

第四组公式，Datesbetween 函数用于指定开始和结束日期之间的时间段，比如使用公式 Datesbetween（'日历表'[日期],"2015-01-01",Max（'日历表'[日期]））会得到 2015 年 1 月 1 日到 2016 年 9 月 5 日的时间段。而 Datesinperiod 函数可以根据某一时间点开始来调整时间区间。比如公式 Datesinperiod（'日历表'[日期], "2015-01-01",1,month）将以 2015 年 1 月 1 日为起点，向后数 1 个月，得到 2015 年 1 月 1 日到 2015 年 1 月 31 日的时间段。

2．时间点函数

时间点函数用于指定某一个特定日期，它们返回的是一个有唯一值的表，这个值就是某一个日期。比如 Firstdate 函数用于求最早的日期，Lastdate 函数用于求最晚的日期。

我们知道，在 Excel 中，日期的值是可以像数字一样进行比较的，这在 Power BI 中同样适用。比如在引用列时，也可以用公式 Min（'日历表'[日期]）求得最早日期，效果与 Firstdate 函数相同。不同的是，Firstdate 函数和 Lastdate 函数可以引用表，而 Min 函数和 Max 函数是不可以的。比如我们想求从公司成立之日的日期到现在的累计值，则需要找到最开始的日期，可以利用公式 Firstdate（All（'日历表'[日期]））来求得，而使用 Min 函数会发生报错，如图 6-24 所示。

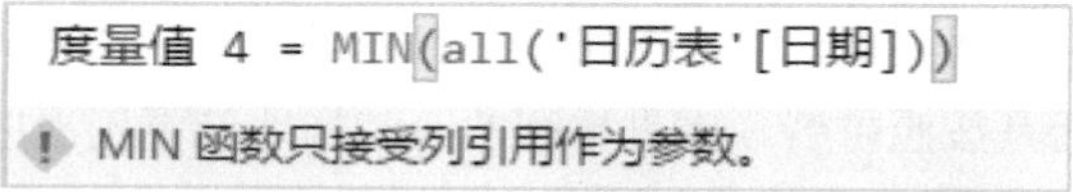

度量值 4 = MIN(all('日历表'[日期]))
! MIN 函数只接受列引用作为参数。

图 6-24

第六组公式比较简单，End 系列函数返回的是最后的一天，比如公式 Endofmonth（'日历表'[日期]）返回的是 2016 年 9 月 30 日。同理，Start 系列函数返回的是最早的一天。

时间段函数和时间点函数要配合使用以精准地定位想要得到的时间。**注意：时间段函数和时间点函数返回的都是表，它们是不能单独使用的，所以我们经常使用 Calculate 函数，把它们作为 Calculate 函数中的筛选条件。**

表 6-1 中总结了每个公式的用法和说明。从这张表中我们可以看出，DAX 语言具有非常完善的公式体系。例如定位一个时间点的方法有很多，如想要定位 2017 年 4 月，则可以直接表达为 2017 年 4 月，或者表达为 2017 年 4 月 1 日—2017 年 4 月 30 日，2016 年 4 月的下一年同期，2017 年 1 月往后数 3 个月，2017 年 5 月的上一个月……无论用哪种方法，只要能定位到你想要的时间都是正确的。

3．计算类函数

还有一类时间智能函数，我把它们归类为计算类函数（可替代），表示这几个函数可以通过 Calculate 函数配合时间段、时间点函数来替代，比如 Totalytd 函数完全可以用 Datesytd 函数做筛选条件+Calculate 函数执行计算来达到同样的效果。所以它们与前两类函数不同，是一个完整的计算公式，返回的是值而不是表。它们可以使公式变短，但运算意义是没有差别的。

6.5 日历表的使用

本节是对时间智能功能的补充，目的是想把没有完善且重要的知识补全。本节有两个知识点：日历表排序和定制日历表的使用。

1．日历表排序

为什么要对日历表进行排序？举一个最简单的例子，下面以图 6-25 所示的日历表中的"周"列（即星期列）做一张矩阵表，你会发现，星期的排序并不是我们常用的星期一到星期日，而是按照拼音顺序来排列的。怎样才能更正次序？

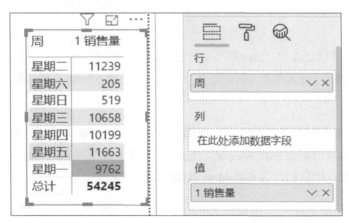

图 6-25

只需要两个步骤即可更正次序。

（1）针对"周"列添加一列顺序编码。可以利用编辑查询器中的"添加日期列"功能添加一个"DayOfWeek"（每周的某一日）列，如图 6-26 所示。

图 6-26

（2）添加后关闭并应用编辑查询器，在"表格"视图中我们能够看到新加的列。选择"周"列，让它按照"DayOfWeek"列来排序，顺序就修正过来了，如图 6-27 所示。

图 6-27

这是一个需要举一反三的方法，如果是针对年份和月份的排序，则可采用同样的方式，利用编辑查询器中的"添加日期列"选项可以生成每个月份的开始值或结束值，再把"年份"和"月份"列按照该值进行排序。在实践中我们可能会经常遇到文本排序不合理的问题，都可以参照这个方法进行修正。

2．定制日历表

前面提到过日历表分为两种：标准版日历表和定制日历表。对于定制的日历表，其中内置的 Datesytd 函数、Previousmonth 函数等时间智能函数都不好用了，我们需要一个能应对定制日历表的"万金油"方法。

下面以中国香港上市公司的财年日历来举例，其将每年的 4 月 1 日到次年的 3 月 31 日算为一个财年，怎样实现按照财年分析数据呢？答案是把定制日历表与标准日历表关联起来。

首先，我们肯定要有一张定制版日历表，如图 6-28 左图所示，并标明起始日期和结束日期。这里的技巧在于给图 6-25 右图所示的这张定制日历表添加一个不重复的 ID 列，同时保留标准的日历表，按照定制版日历表 ID 给标准日历表设定 ID。比如 2015 年 1 月 1 日到 2015 年 1 月 31 日在定制的财年日历表中 ID 是 1，我们需要在标准日历表中把 2015 年 1 月的每一天都标注 ID 为 1，可以直接在 Excel 源数据表中添加。

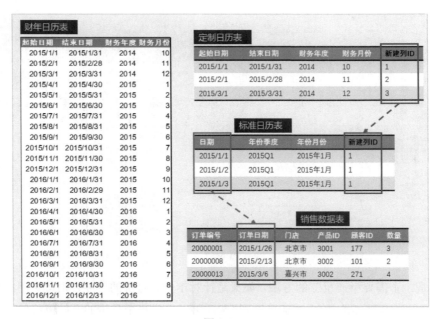

图 6-28

在这样的设定下，定制日历表和标准日历表可以通过"ID"列按照一对多的关系关联起来，并应用到数据模型中。不难想象，这个关联表可以让我们绘制出一张以"财务年份月份"展示销售量的表（如果财务年份和月份的排列顺序有问题，则需要用到前面所讲的排序方法），如图 6-29 所示。

那么如何才能做到像时间智能函数一样求上个月的销售量呢（见图 6-30）？

财年年份月份	1 销售量
⊞ 2014年10月	10
⊞ 2014年11月	15
⊞ 2014年12月	43
⊞ 2015年1月	172
⊞ 2015年2月	327
⊞ 2015年3月	389
⊞ 2015年4月	584
⊞ 2015年5月	484
⊞ 2015年6月	700
总计	54245

图 6-29

财年年份月份	1 销售量	上个月的销售量
⊞ 2014年10月	10	
⊞ 2014年11月	15	10
⊞ 2014年12月	43	15
⊞ 2015年1月	172	43
⊞ 2015年2月	327	172
⊞ 2015年3月	389	327
⊞ 2015年4月	584	389
⊞ 2015年5月	484	584
⊞ 2015年6月	700	484
总计	54245	7231

图 6-30

可以使用以下这个"万金油"句式，如图 6-31 所示。

```
1  上个月的销售量 = CALCULATE([1 销售量],
2          Filter(all('定制日历表'),
3          '定制日历表'[ID]=max('定制日历表'[ID])-1))
```

图 6-31

下面以计算 2015 年 2 月的上个月销售量为例，思考一下它的计算逻辑：其中 All（'定制日历表'）先展开了整张定制日历表，Filter 函数对该整张定制日历表逐行扫描，筛选条件为 '定制日历表'[ID]=Max（'定制日历表'[ID]）-1，如图 6-32 所示。这是什么意思呢？

起始日期	结束日期	财务年度	财务月份	ID	财年年份月份
2015年1月1日	2015年1月31日	2014	10	1	2014年10月
2015年2月1日	2015年2月28日	2014	11	2	2014年11月
2015年3月1日	2015年3月31日	2014	12	3	2014年12月
2015年4月1日	2015年4月30日	2015	1	4	2015年1月
2015年5月1日	2015年5月31日	2015	2	5	2015年2月
2015年6月1日	2015年6月30日	2015	3	6	2015年3月
2015年7月1日	2015年7月31日	2015	4	7	2015年4月
2015年8月1日	2015年8月31日	2015	5	8	2015年5月

图 6-32

矩阵表中输出值的初始筛选上下文是"财务年份月份"为 2015 年 2 月，它在定制日历表中对应的 ID=5，所以 Max（'定制日历表'[ID]）-1=Max（5）-1=4，即筛选条件为'定制日历表'[ID]=4，于是求得上个月的销售量。如果想求上年同期销售量的值，则只要修改条件为'定制日历表'[ID]=Max（'定制日历表'[ID]）-12。

如果想要求本年的累计销售量呢（见图 6-33）？

财务年份月份	销售量	上月销售量	本年累计销售量
2015.1	172		172
2015.2	327	172	499
2015.3	389	327	888
2015.4	584	389	1472
2015.5	484	584	1956
2015.6	700	484	2656

图 6-33

这也不难，基本的方法是在定制日历表中再添加一个"年度起始月份 ID"列，计算每行对应的起始月份（财年的第 1 个月）的 ID 是多少，如图 6-34 所示。

	A	B	C	D	E	F	G
1	起始日期	结束日期	财务年度	财务月份	ID	年度起始月份ID	
2	2015/1/1	2015/1/31	2014	10	1		
3	2015/2/1	2015/2/28	2014	11	2		
4	2015/3/1	2015/3/31	2014	12	3		
5	2015/4/1	2015/4/30	2015	1	4	4	
6	2015/5/1	2015/5/31	2015	2	5	4	
7	2015/6/1	2015/6/30	2015	3	6	4	
8	2015/7/1	2015/7/31	2015	4	7	4	
9	2015/8/1	2015/8/31	2015	5	8	4	
10	2015/9/1	2015/9/30	2015	6	9	4	
11	2015/10/1	2015/10/31	2015	7	10	4	
12	2015/11/1	2015/11/30	2015	8	11	4	
13	2015/12/1	2015/12/31	2015	9	12	4	
14	2016/1/1	2016/1/31	2015	10	13	4	
15	2016/2/1	2016/2/29	2015	11	14	4	
16	2016/3/1	2016/3/31	2015	12	15	4	
17	2016/4/1	2016/4/30	2016	1	16	16	
18	2016/5/1	2016/5/31	2016	2	17	16	
19	2016/6/1	2016/6/30	2016	3	18	16	
20	2016/7/1	2016/7/31	2016	4	19	16	
21	2016/8/1	2016/8/31	2016	5	20	16	
22	2016/9/1	2016/9/30	2016	6	21	16	
23	2016/10/1	2016/10/31	2016	7	22	16	
24	2016/11/1	2016/11/30	2016	8	23	16	
25	2016/12/1	2016/12/31	2016	9	24	16	

图 6-34

求本年累计销售量其实就是把时间范围锁定在起始月份与当前月份之间。

所以这个"万金油"公式如图 6-35 所示。

```
1  本年累计的销售量 = CALCULATE([1 销售量],
2          Filter(all('定制日历表'),
3              '定制日历表'[ID]<=max('定制日历表'[ID])
4              &&
5              '定制日历表'[ID]>=max('定制日历表'[年度起始月份ID])))
```

图 6-35

定制日历表的使用场景还有很多，比如一些美国企业使用"4-4-5"日历（一个季度有 13 周，按周划分）。另外，如果想以周、小时、分钟、秒为时间单位进行分析（时间智能函数家族没有 Previousweek 或者 Dateswtd 这样的函数），都需要精通这类"万金油"公式。明白了它的原理，其他的应用都可以触类旁通。

再次强调，**大部分数据分析都会涉及时间维度，所以精通时间函数和日历表会让你的数据分析游刃有余。**

最后还要注意，对于时间智能函数，我们没有必要把每个公式的语法都背下来，重要的是了解其用法和意识到它们的存在。

6.6　分组的技巧

古人云："二十弱冠，三十而立，四十不惑"。在前面的咖啡店数据案例中有一张各门店店长的信息表，其中店长年龄在 20~50，如果想按照这 3 个年龄段将他们分组，则有多少种方法来实现？常见的方法你可能会想到图 6-32 和图 6-33 所示的两种：在编辑查询器中添加条件列或者在建模中使用 DAX 语言中的 If 和 Switch 函数。不过这两种方法还都不够"敏捷"，本节介绍第 3 种方法。

第一种方法：使用编辑查询器，如图 6-36 所示。

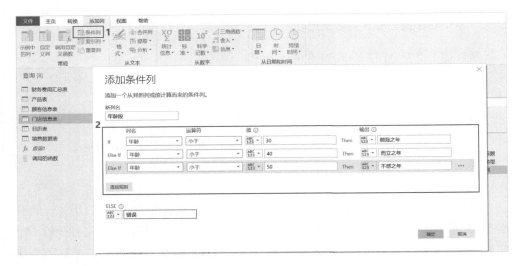

图 6-36

第二种方法：使用 Switch 函数，如图 6-37 所示。

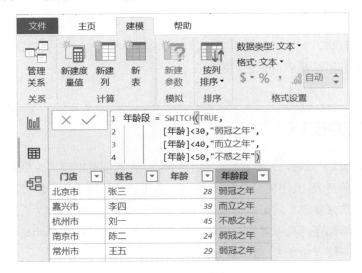

图 6-37

第三种方法：在柱形图上瞬间完成分组，具体步骤如下所示。

首先制作一张简单的柱形图，把"年龄"列放在 X 轴，"姓名"列以计数的形式放在 Y 轴。这样就可以看到不同年龄的店长人数分布的柱形图，如图 6-38 所示。

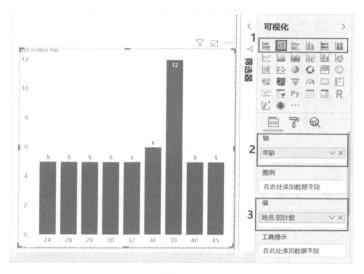

图 6-38

　　按住 Ctrl 键选择年龄为 24、28、29 的柱形图，单击鼠标右键，在弹出的快捷菜单中单击"数据组"命令，你会看到 24、28、29 这 3 个年龄被都归为同一种颜色。在图表的左上方出现图例的标记，并且右侧的字段边栏中出现了一个"年龄（组）"字段。继续操作，把 30~40 岁和 40~50 岁的柱形图选中并分组，如图 6-39 所示。

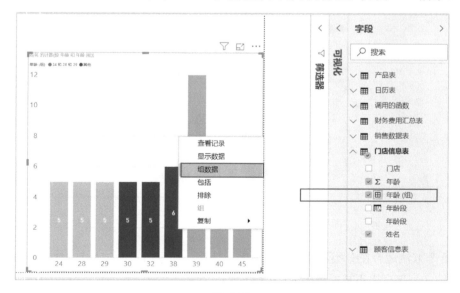

图 6-39

完成以后，这 3 个分组被不同的颜色区分开。如果你到表格视图中查看，那么这个年龄（组）会以新建的一列存在于表中。该柱形图是把这一列放在了图例中，所以颜色被区分开了。当然，也可以在格式设置里调整分组的颜色。

接下来，单击"编辑组"命令，还可以修改组的名称，分别把对应的年龄段改为"弱冠""而立""不惑"，如图 6-40 所示。

图 6-40

完成后，可以快速得到图 6-41 所示的这张图表。

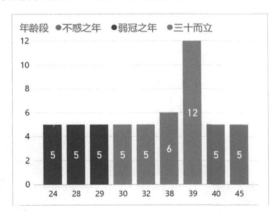

图 6-41

这个方法适合在分类不是很多的情况下使用，如果店长的年龄范围为 1~80，有 80 个数字，那么岂不是要单击 80 下？下面再介绍一个把一系列数字分组的技巧。有两种方式可以新建组，一种是在"年龄"字段上单击鼠标右键，另一种是在表格视图的"年龄"列上单击鼠标右键，在弹出的快捷菜单中都可以看到"新建组"命令，如图 6-42 所示。

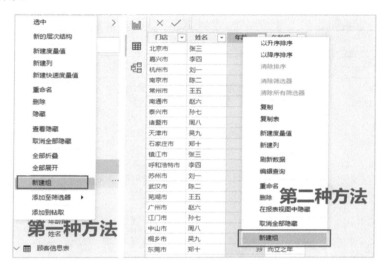

图 6-42

在弹出的对话框中按"箱"来设定组，这里的"箱"是指每个组单元。"装箱大小"即每个单元的大小，如图 6-43 所示。

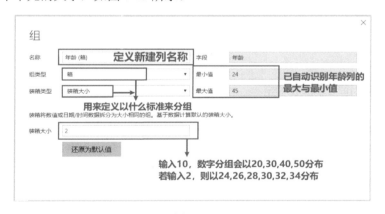

图 6-43

也可以按照箱的数量计算装箱大小，如图 6-44 所示。

确定设置后，就成功得到一个新的分组列。这种方法适用于对数字的平均分配，避免了使用 If 函数或者 Switch 函数带来的重复工作量，如图 6-45 所示。

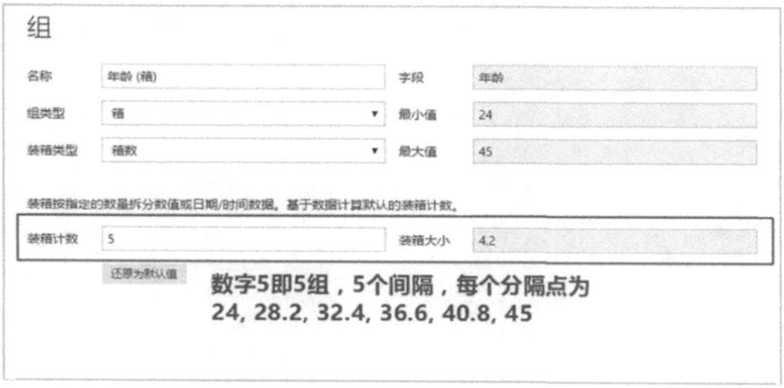

图 6-44

	门店 ▾	姓名 ▾	年龄 ▾	年龄段 ▾	年龄 (箱) ▾
	北京市	张三	28	弱冠之年	20
	嘉兴市	李四	39	而立之年	30
	杭州市	刘一	45	不惑之年	40
	南京市	陈二	24	弱冠之年	20
	常州市	王五	29	弱冠之年	20
	南通市	赵六	30	而立之年	30
	泰兴市	孙七	32	而立之年	30
	诸暨市	周八	40	不惑之年	40

图 6-45

本文一共提供了 3 种分组的思路，使用哪种取决于应用场景，没有最好，只有更好。

6.7　度量值的收纳盒

随着数据分析工作的深入，表格越来越多，创建的度量值也会越来越多，几十个度量值分布在十几张表中也是常事，有什么好的办法让它们规整起来？

（1）先在 Power BI 中直接创建一张表，如图 6-46 所示。

图 6-46

（2）定义表名称和列名称，并加载到数据中，如图 6-47 所示。

图 6-47

（3）在界面右侧的"字段"模块中会看到度量值表和度量值列，选中已经建好的度量值，比如"1 销售量"，再选择要移动到的度量值表，该度量值就会跳到这个表的下面了，如图 6-48 所示。

图 6-48

（4）用同样的方法把所有的度量值都移动到该表下面并隐藏空白的 "度量值"列，如图 6-49 所示。

图 6-49

（5）保存 Power BI 文件，关闭并重新打开：你会看到这个度量值表会被自动置顶，并且角标变成了计算器符号，如图 6-50 所示！

图 6-50

除了酷，它还有一个超级实用的优点：

在写度量值公式时，一个不规范的写法是在引用列的时候没有加上表的名称，这样的公式在后期让人很难理解，这也是初学者经常会犯的错误。现在在这张统一的且没有列的表中创建度量值时，系统会强制我们在引用列时一定要带上表的名称（虽然我一直都是坚持规范的书写习惯，但是每次使用 Power BI 时也要提醒自己，现在再也不用担心忘记这件重要的事情了）。

第 7 章

DAX 语言高阶：进击的数字大厨

即使是一块牛肉，也应该有自己的态度，要慎其独，要善其身，要知道精彩的人生不能只有精肉，还要有适宜的肥油做调配，有雪白的肉筋做环绕，并且还要掌握跳进煎锅时的角度，姿势，以及火候，才能最终成为一块优秀地道的西冷牛排。

——《麦兜》

7.1　Values 函数：不重复值

一般情况下，微软官方网站上对函数的翻译都比较生涩，然而对于 Values 函数，我觉得这里解释得特别清楚："返回由一列构成的一个表，该表包含来自指定表或列的非重复值"，如图 7-1 所示。

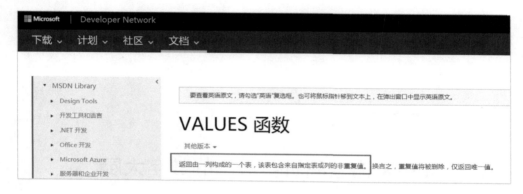

图 7-1

换言之，表中的重复值将被删除，仅返回唯一值。如果觉得这个定义还是很抽象，那么下面先介绍 Power BI 中的另一个功能。其实在 Power BI 中，需要输入 DAX 公式的地方不仅在新建度量值和新建列时。在 Power BI 的选项卡中，还有一个"新表"功能，如图 7-2 所示。

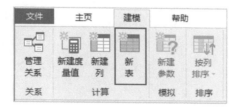

图 7-2

在这里可以使用一些常用的返回表的函数，把想要的表提取出来，比如使用前面学习的 Filter 函数。图 7-3 所示的公式为查询销售数据表中咖啡价格大于 20 元，杯型为大杯的数据。

表 = FILTER('销售数据表','销售数据表'[价格]>20 && '销售数据表'[杯型]="大")

图 7-3

再试验一下本节所介绍的 Values 函数，Values（'销售数据表'[产品 ID]）会把不重复的产品 ID 提取出来，输出一个单列的表。同样，如果引用"门店"列，则可以输出所有门店所在城市的名称，这就是 Values 函数的功能，如图 7-4 所示。

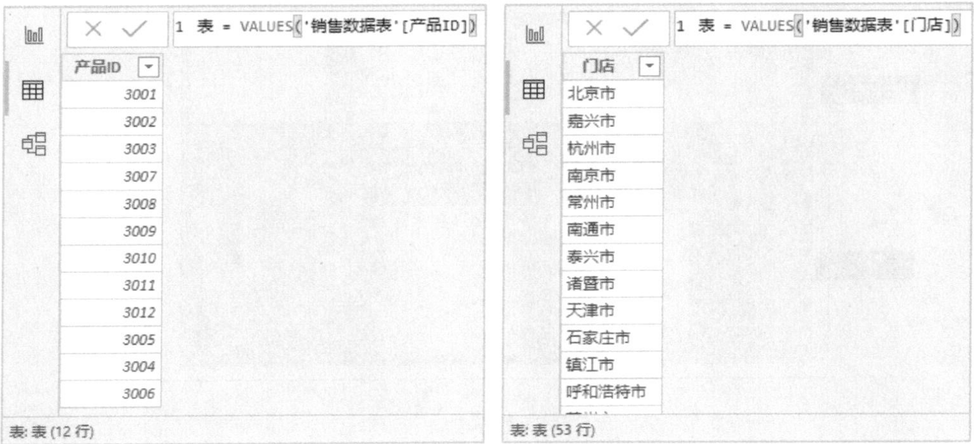

表 = VALUES('销售数据表'[产品ID])			表 = VALUES('销售数据表'[门店])
产品ID		**门店**	
3001		北京市	
3002		嘉兴市	
3003		杭州市	
3007		南京市	
3008		常州市	
3009		南通市	
3010		泰兴市	
3011		诸暨市	
3012		天津市	
3005		石家庄市	
3004		镇江市	
3006		呼和浩特市	
表: 表 (12 行)		表: 表 (53 行)	

图 7-4

在前面学习 Filter 函数时，我们提到过虚拟表的概念，这个表存在于我们的数据模型中，并与所筛选的原表关联。Values 函数生成的表也是一张虚拟表。比如，我们曾利用 Filter 函数求季度销售量超过 200 杯的分店的销售总量（见图 7-5），实现这个计算的前提是我们有一张含有不重复城市名称列的门店信息表，然而这是理想情况，如果模型中没有这张表呢？

按照图 7-5 所示的方法，这里用 Values（'销售数据表'[门店]）来替换"'门店信息表'"，创建一个新的度量值[19values 销售量]，其他都保持不变。结果是这个度量值与[Filter]函数创建的度量值的输出结果完全一样，这是因为 Values 函数返回的这张虚拟表存在数据模型中并与源表即销售数据表关联，达到了同门店信息表一样的效果。通过这个小例子我想读者应该明白了 Values 函数和虚拟表的功能。

除了生成不重复表，Values 函数的第二个好用之处是，在很多时候，我们使用 Filter、Calculate、Countrows、SumX、TopN 这些函数，需要引用表而不能直接引用列，Values

函数可以把列转换成含该列的表，所以嵌套一个 Values 函数就可以引用了。当然，这张表是不重复的信息表，这是 Values 函数的基本定义。

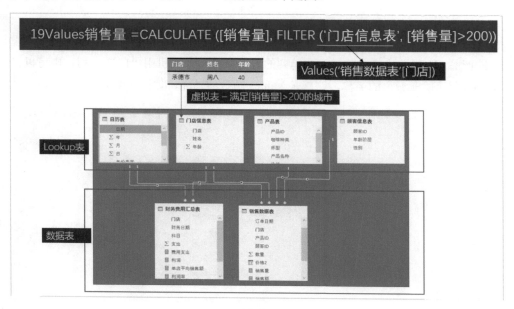

图 7-5

其实 Values 函数还有很多技巧型应用，比如图 7-6 所示的公式。

```
8 Allexcept = calculate([1 销售量],allexcept('产品表','产品表'[杯型]))
```

图 7-6

这个公式也可以写成：Calculate（[1 销售量],All（'产品表'），Values（'产品表' [杯型]）），原理是先使用 All 函数删除产品表中的筛选条件，再选择性地获取产品表中的"杯型"列数据。随着读者对 DAX 公式学习的深入和实践经验的增加，可能会遇到百变的 Values 函数，更多的应用有待读者去挖掘。

记得在学英语的时候，老师经常让我们背各种句型，例如 thank somebody for doing something。DAX 公式也有很多经典句型，本节学习的 Calculate（[度量值], Filter（Values（'表'[列名称]），...）) 就是一种非常好用的句型。

7.2　Hasonevalue 函数：只有一个值

　　Hasonevalue 的含义是只有一个值，它与前面所介绍的函数都不一样，前面所介绍的那些函数有的是返回值，有的是返回表，而 Hasonevalue 函数返回的是"真"或"假"，即判断是否只有一个值。可以把它的表达式等效看作 Countrows（Values（[列名称]））= 1，也就是对该列的不重复值的表计算行数是否等于 1。

　　下面依然使用"求拿铁咖啡季度销售数量超过 200 杯的分店的销售总量"这个案例，把日期切片器调整为 2015 年，再把度量值"10 Filter 销售量"放入矩阵表。如果你比较细心，则可能会注意到求得的总计并不是矩阵表中每个季度销售量的总和，如图 7-7 所示。

图 7-7

　　这并不让人意外，在介绍度量值的工作原理时，提到过矩阵表中的每一个单元都是独立计算的，即便是总计也是独立计算的。所以 2015 年[10 Filter 销售量]的总计筛选上下文是 2015 年的销售数据，所以 Calculate（[1 销售量],Filter（'门店信息表',[1 销售量]>200)计算的是 2015 年全年拿铁咖啡销售数量超过 200 杯的分店的销售总量，与季度值没有任何关系。

　　公式逻辑没有任何问题，然而这个总计数据在这里显得没有意义，而且容易误导读者解读数据。对于这种情况，处理方法一般有两种：一种是把总计变为空值，另外一种是让它求显示数据的总计。

　　本节利用 Hasonevalue 函数把总计数据变为空值。具体方法是利用 If 函数来进行逻辑判断，如果上下文中的"年份季度"列中只有一个值，则求"10 Filter 销售量"，否则返回空值，如图 7-8 所示。

```
20 hasonevalue = if(HASONEVALUE('日历表'[年份季度]),[10 Filter销量],BLANK())
```

年份季度 ▲	1 销量	10 Filter销量	20 hasonevalue
2015Q1	68		
2015Q2	888	216	216
2015Q3	1768	629	629
2015Q4	3299	2010	2010
总计	6023	5285	

图 7-8

它的原理是当求总计时，筛选上下文是 2015 年全年，在日期表中，2015 年有 4 个季度值，不是唯一值，所以返回空值。

If（Hasonevalue（'表'[列], [度量值], blank（））又是一个经典句型，请记下来，当你需要时可以信手拈来。

第二种方法是求显示数据的总计，这需要用到 SumX 函数，在 7.3 节中会具体讲解。

7.3　SumX 函数：掌握 X 类函数

DAX 语言中包括一系列后缀为"X"的函数，如 SumX、AverageX、MaxX、MinX……它们与 Filter 函数属于一种类型——行上下文函数。下面介绍最常用的 SumX 函数，明白了 SumX 函数，其他 X 函数的用法都是相通的。

SumX 函数的语法构成很简洁，第一部分是表，第二部分是算术表达式。其最简单、最常见的用法就是进行类似[销售额]=[价格]*[数量]这类运算，如图 7-9 所示。

```
21 销售额 = SUMX('销售数据表',[数量]*[价格])
```

图 7-9

SumX 函数看似简单，但它背后的计算过程可以分为 3 步：

（1）因为是行上下文函数，所以它会对销售数据表逐行扫描，创造行上下文。

（2）算术表达式在行上下文中执行运算，比如第一行为[价格]*[数量]=33*1=33，按照同样的逻辑每一行执行算术表达式运算，每一行都会返回一个数值。

（3）SumX 函数记住了每一行返回的值，最后把所有的值相加总求和。

可以想象，如果没有 SumX 这样的行上下文函数，那么我们求销售额就要走弯路了，比如新建一列：[乘积]=[价格]*[数量]，再建一个度量值：[销售额]=Sum（[乘积]）。这种新建乘积列再求和的方法可以达到与使用 SumX 函数同样的效果，然而一般不建议大家这样做。为什么？

度量值只有放到图表中才会执行计算，而计算列在创建后就会把整列数据存储在文件中，增大了文件的体积。当行数较少时可能感觉不到差别，然而如果你的数据表有几百万行，就意味着增加了几百万行的数据。所以，一般的建议是不到万不得已的情况，不使用添加计算列的方法。

上面这个例子只是为了解释 SumX 函数的计算逻辑，并没有体现它的过人之处。其实 SumX 函数有一种好用的句型。一般我们知道 If（Hasonevalue（'表'[列]），[度量值]，blank（））这个句型可以实现让总计显示为空值。如果想达到对显示数据求"总计"的效果呢？可以使用句型 SumX（Values（'表'[列]），[度量值]），如图 7-10 所示。

```
21 sumx = SUMX(VALUES('日历表'[年份季度]),[10 Filter销量])
```

年份季度 ▲	1 销量	10 Filter销量	20 hasonevalue	21 sumx
2015Q1	68			
2015Q2	888	216	216	216
2015Q3	1768	629	629	629
2015Q4	3299	2010	2010	2010
总计	6023	5285		2855

图 7-10

这个句型的原理并不难理解，下面以图 7-10 为例，介绍具体的计算步骤。

（1）初始筛选上下文为 2015 年，通过 Values（'日历表'[季度]）返回一张 1~4 季度的日历表，该表存在于数据模型中，并与数据表关联。

（2）SumX 函数在该 Values 函数返回的虚拟表中创建行上下文，并逐行扫描。第
1 行为 2015 年第 1 季度，"10 Filter 销售量"度量值中含有隐藏的 Calculate 函数（在
5.3 节中讲过），Calculate 函数使行上下文转换成筛选上下文，求得销售量为零；扫描
第 2 行至第 4 行，分别求得第 2 季度至第 4 季度的销售量为 216，629 和 2010，如图
7-11 所示。

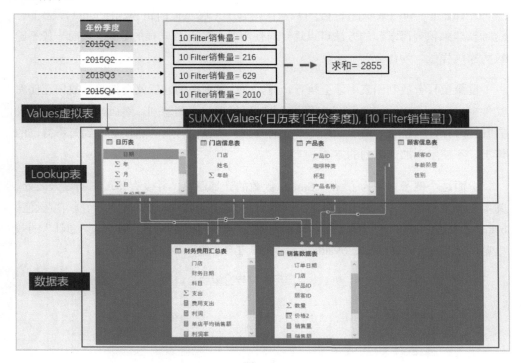

图 7-11

（3）SumX 函数记住了返回的 4 个值并加总，得到总计 2855。

通过这个拆解分析过程，我想读者已经掌握了 SumX 函数的精髓，而且又学到了
一种好用的句型：Sumx（Values（'表'[列]），[度量值]），它的作用是对显示的数据求
总计。

对于 SumX 函数的讲解就到这里，对于其他的 X 函数，如 Maxx、Minx、Averagex
工作原理是一样的。唯一的区别是最后的计算不是加总求和，而是对应地求最大值、
最小值、平均值，这些就不单独做举例说明了。

7.4　Earlier 函数：当前行

Earlier 是一个让很多初学者困惑的函数，下面先通过一个案例让读者进行体验式学习。在产品表中，如果想要新建一列求咖啡种类的销售量，那么应该如何去求？

这个问题的难点是，产品表与数据表的关联字段是"产品 ID"，也就是颗粒度是"产品名称"（锁定咖啡种类杯型），如果使用公式 Calculate（Sum（）），则将求得该"产品 ID"的销售量，而不是以咖啡种类为限定条件的销售量，如图 7-12 所示。

产品ID	咖啡种类	杯型	产品名称	价格	咖啡数量	订单数量	列
3001	美式	大	美式大杯	32	1743	869	1743
3002	美式	中	美式中杯	29	3450	1753	3450
3003	美式	小	美式小杯	24	1874	914	1874
3004	拿铁	大	拿铁大杯	35	5980	3000	5980
3005	拿铁	中	拿铁中杯	33	11837	5982	11837
3006	拿铁	小	拿铁小杯	31	6051	3039	6051
3007	摩卡	大	摩卡大杯	35	4656	2301	4656
3008	摩卡	中	摩卡中杯	33	9546	4753	9546
3009	摩卡	小	摩卡小杯	31	4869	2462	4869
3010	卡布奇诺	大	卡布奇诺大杯	36	1064	533	1064
3011	卡布奇诺	中	卡布奇诺中杯	34	2122	1020	2122
3012	卡布奇诺	小	卡布奇诺小杯	32	1053	542	1053

公式栏：`1  列 = CALCULATE(SUM('销售数据表'[数量]))`

图 7-12

如果通过加入 Calculate 函数中的筛选条件来限定条件，那么也只能求得某一个咖啡种类的销售量。所以，现在的问题是，如何使筛选条件能与所在行的咖啡种类的字段关联，这就需要使用 Earlier 函数了。使用图 7-13 所示的公式可以达到想要的效果。

当看到句型 [咖啡种类]=Earlier（[咖啡种类]）时，可能会困惑，这是什么逻辑？其实不仅是初学者，很多人在学习了 DAX 语言很久之后也未能领悟 Earlier 函数的使用方法。下面就简单介绍一下 Earlier 函数。

图 7-13

Earlier 函数也是一个行上下文函数。主观地讲，Earlier 这个函数的名字很容易让人困惑，直接翻译成中文为"更早"，它的本意是指前面用到的上下文，这个概念很抽象，让读者在使用中很难体会到"更早"的含义。

所以，学习这个函数最好的方法是先忽略它的命名，把它看作当前行，也就是使用 Earlier 函数得到的是当前行，至少在 99% 的应用情况下可以这样理解。相信我，这是入门理解 Earlier 函数最快的办法。下面就来验证是不是这样的。

首先，我们要做的事情是新建列而不是新建度量值。新建列的上下文是行上下文，也就是当前行。以第一个值为例，它的行上下文就是第一行。这个行上下文是我们分析公式逻辑的前提。

公式开始运算，Filter 函数对该产品表进行横向逐行扫描，判断的条件是："咖啡种类"这一列=当前行的咖啡种类，也就是"美式"，于是 Filter 函数生成的这张虚拟表只含有美式咖啡，其中有 3 行：大杯、中杯、小杯。Filter 函数确定筛选的范围后，Calculate 函数这个计算器引擎启动，通过关系模型，求得数据表中的咖啡种类为美式咖啡的销售量。接下来的每一行都是按照这个逻辑运算的。

下面再来举一个有一点难度的例子。在销售数据表中有顾客 ID 和订单日期信息，在实际业务中会有一些老顾客，即同一位顾客多次购买。可以利用"新表"功能写一个公式筛选出顾客 ID 为"2868"的订单信息。然后按照订单日期进行排序，从而就可以知道每一条订单分别是该顾客的第几次购买，如图 7-14 所示。

订单编号	订单日期	门店	产品ID	顾客ID	数量
	1　表 2 = FILTER('销售数据表','销售数据表'[顾客ID]=2868)				
20006679	2016/5/13 0:00:00	承德市	3009	2868	2
20007038	2016/5/19 0:00:00	承德市	3005	2868	1
20009224	2016/6/27 0:00:00	承德市	3008	2868	1
20009523	2016/6/30 0:00:00	承德市	3009	2868	2
20009752	2016/7/5 0:00:00	承德市	3007	2868	1
20012074	2016/8/5 0:00:00	承德市	3004	2868	2
20012215	2016/8/8 0:00:00	承德市	3004	2868	1
20012933	2016/8/17 0:00:00	承德市	3008	2868	2
20013041	2016/8/18 0:00:00	承德市	3004	2868	1
20013339	2016/8/22 0:00:00	承德市	3005	2868	1
20014224	2016/9/1 0:00:00	承德市	3008	2868	1
20014403	2016/9/2 0:00:00	承德市	3004	2868	2
20015555	2016/9/19 0:00:00	承德市	3004	2868	2
20015900	2016/9/22 0:00:00	承德市	3008	2868	3
20018557	2016/10/24 0:00:00	承德市	3005	2868	1
20022470	2016/11/25 0:00:00	承德市	3005	2868	1
20023554	2016/12/7 0:00:00	承德市	3008	2868	2

图 7-14

这个案例是针对某一个顾客的数据分析，如果是针对整张数据表进行分析呢？例如想求每笔订单是顾客第几次购买，怎样办？

先到编辑查询器中，在源数据中按订单编号进行排序（案例中的编号是按照时间次序生成的），再添加一个索引列，这样整张表就有了一个按订单时间由早到晚排序的"索引"列，如图 7-15 所示。

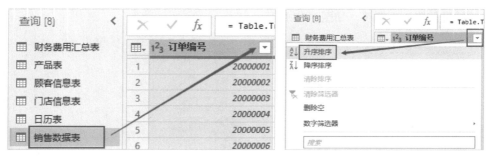

图 7-15

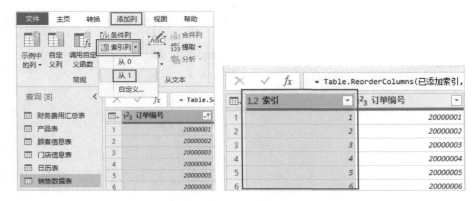

图 7-15（续）

现在想象一下，如果想要求某个订单是该顾客第几次购买，则可以先把该顾客的 ID 表找出来，再把小于或等于该行索引号的行筛选出来，计算这张表的行数。

下面来验证一下这个逻辑，使用 Countrows 函数来计算行数，公式如图 7-16 所示。

图 7-16

新建的"第 N 次购买"列生成了。再任意抽取一位顾客，检查一下结果是否正确。比如选择图 7-17 中第 1 行中订单编号为"20023040"，顾客 ID 为"4899"的顾客，显示结果是第 2 次购买，如图 7-17 所示。

订单编号	订单日期	门店	产品ID	顾客ID	数量	价格2	咖啡种类	杯型	年份月份	价格	索引	第N次购买
20023040	2016年12月13日	岳阳市	3005	4899	1	33	拿铁	中	2016-12	33	23040	2
20023046	2016年12月30日	常州市	3005	517	1	33	拿铁	中	2016-12	33	23046	8
20023048	2016年12月30日	泰州市	3005	3579	1	33	拿铁	中	2016-12	33	23048	1
20023049	2016年12月27日	东莞市	3005	2046	1	33	拿铁	中	2016-12	33	23049	6
20023051	2016年12月8日	绍兴市	3005	2709	1	33	拿铁	中	2016-12	33	23051	7
20023055	2016年12月13日	牡丹江市	3005	4586	1	33	拿铁	中	2016-12	33	23055	1
20023060	2016年12月20日	哈尔滨市	3005	2540	1	33	拿铁	中	2016-12	33	23060	7
20023063	2016年12月6日	南京市	3005	435	1	33	拿铁	中	2016-12	33	23063	14
20023064	2016年12月20日	东莞市	3005	2081	1	33	拿铁	中	2016-12	33	23064	10

图 7-17

新建一张表，使用 Filter 函数把顾客 ID 为"4899"的全部订单信息筛选出，并按日期升序排序，如图 7-18 所示。结果是 20023040，排在第 2 位，为第 2 次购买订单，如图 7-19 所示。

图 7-18

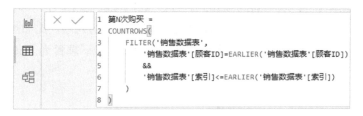

图 7-19

结果是正确的，我们可以更进一步分解 Filter 函数和 Earlier 函数的背后工作流程，如图 7-20 所示。

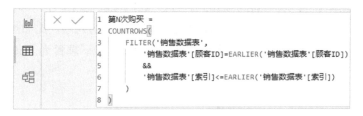

图 7-20

当运行到订单编号为"20006390"这笔订单所在的行时,公式中的 Earlier([顾客ID])就是指当前行的顾客 ID,即 2826。对于 Filter 函数的逻辑前面讲过多次,它对表做逐行扫描,顾客 ID 若不等于 2826,则排除;若等于 2826,则保留。以此类推,直至把表中的每一行扫描完,保留所有顾客 ID 为 2826 的表。

&&指的是同时满足条件,同理,它限定了条件为索引号小于或等于当前索引号,订单编号为"20006390"这笔订单的索引号是 6390,所以条件为索引号小于或等于6390。最后将得到两行表,计数为 2。

通过这个例子,我想读者应该已经明白了 Earlier 函数的基本用法。Calculate([度量值], Filter('表',[列]=Earlier([列]))又是一个非常好用的句型,它与索引列结合起来用还可以去关联上一行或上几行。比如:Calculate([度量值], Filter('表',[索引]=Earlier([索引]-1))。

学到这里如果你还是迷茫,没关系,这是一个需要你在实践中不断体会的函数,只要带着"Earlier=当前行"这个心法,多实践几次就可以做到游刃有余。如果实在是觉得难以理解,不妨先放下,在第 7.7 节 VAR 函数讲解中会介绍一种可以取代 Earlier函数的方法。

7.5 RankX 和 TopN 函数:排名

最后要讲的两个函数是 RankX 函数和 TopN 函数,它们都可应用于计算排名,特别是营销分析、业绩排名,当然对于学生考试成绩、运动比赛成绩的排名也不在话下。

在 Power BI 中,计算排名的方法有很多,比如要做一张矩阵表,行为"门店",值为"1 销售量",就可以求得各门店的销售量。我们可以利用降序角标快速实现按销售量排序,还可以利用 Power BI 自带的筛选功能提取出前几名,比如想要提取前 20名,则只要在筛选器中选择"前 N 个"选项,再自定义显示项目为"20",如图 7-21所示。

图 7-21

本节学习 RankX 函数的目标是想要通过度量值实现输出每个门店的销售量排名。首先，RankX 函数作为 X 类函数，它的基本表达式语法与 SumX 函数相似：第一部分是表，第二部分是表达式。

下面先写一个公式，如图 7-22 所示。

```
销量排名 = RANKX(ALL('门店信息表'),[1 销量])
```

图 7-22

这个公式会让我们瞬间得到各门店的销售量排名，如图 7-23 所示。

门店	1 销量	销量排名
北京市	3018	3
常州市	2024	6
承德市	2076	5
东莞市	1596	13
杭州市	1167	20
呼和浩特市	3278	1
江门市	1738	7
马鞍山市	1728	9
南京市	3108	2
总计	36511	1

图 7-23

下面解读一下此公式的语法逻辑（以计算南京市门店的排名为例）。

第一步，识别初始筛选上下文为"南京市"，使用公式 All（'门店信息表'）扩大了筛选上下文，返回了含全部门店名单的表。

第二步，RankX 属于行上下文函数，对这张全部门店名单表逐行扫描。

其中第 1 行为北京市门店信息，由于该门店信息表与销售数据表存在一对多的关系，度量值"1 销售量"中隐藏的 Calculate 函数发挥了作用，将行上下文转换成了筛选上下文，求得数据表中北京市门店的销售量为 3018。以此类推，求得每一行门店在数据表中对应的销售量。

第三步，最后把南京市的销售量"3108"在所有门店中进行排名，结果为第 2 名。

其实 RankX 函数中还有一些可选项，可以根据我们的需要进行排名。为了利用该案例数据做说明，下面进行一个小小的修改，用"1 销售量"这个度量值除以 100，并且利用 Round 函数将结果四舍五入，如图 7-24 所示。

销量 = ROUND(SUM('销售数据表'[数量])/100,0)

图 7-24

这样做的目的是使一些门店的销售量值相同。下面再来看刚刚做好的矩阵表，如图 7-25 所示：江门市、马鞍山市、唐山市、襄阳市这 4 个城市并列排名为第 7，之后的排名就跳到了第 11，而不是第 8。

门店	1 销量	销量排名
呼和浩特市	33	1
南京市	31	2
北京市	30	3
石家庄市	22	4
承德市	21	5
常州市	20	6
江门市	17	7
马鞍山市	17	7
唐山市	17	7
襄阳市	17	7
东莞市	16	11
肇庆市	16	11
中山市	16	11
天津市	15	14
总计	365	1

```
=RankX
('表,
算术表达式,
值,           ——一般为空
顺序0或1,——默认0降序，1为升序
排序方法    ——默认Skip跳过，Dense为紧凑型
)
```

图 7-25

如果把 RankX 函数的语法构成全部拆开，则除了表和算术表达式，其中还包括 3 个可选项。

第一个可选项是值，在这里请允许我忽略这一项，即保持默认的空值。因为在极少数的情况下才可能会用到这个值。DAX 公式中有很多可选项，对于很多不常用到的功能，开发人员考虑到用户的学习时间成本、投入产出比的问题，把一些非常小众的应用剔除了。这也是我们在入门阶段的目标：花最少的时间，可以学到最多的 DAX 公式应用精髓。

第二个可选项是调整顺序，在上面的例子中默认 0 为降序排名，1 为升序排名（或用 ASC 代表升序，DESC 代表降序）。

第三个可选项是排序方法，Power BI 默认的排序方式是 Skip（跳过），所以东莞市、肇庆市的排名是第 11 而不是第 8，如果想把这两座城市排名调整为第 8，就选用紧凑型（Dense）排序方式。

你不必背下这些编码，因为 Power BI 中有智能提示的功能，如图 7-26 所示。

图 7-26

最后要介绍的函数是 TopN，它不带 X，但是 TopN 的作用与 RankX 函数有异曲同工之妙。TopN 函数的特别之处是其返回的不是值，而是前 N 行的表，所以需要与 Calculate 函数或其他计算类函数结合起来使用。沿用上面的例子，如何求排名在前 5 名的城市门店的销售量呢？

可以使用图 7-27 所示的公式，结果如图 7-28 所示。

```
24 TOPN = CALCULATE([1 销量],TOPN(5,ALL('门店信息表'),[1 销量]))
```

图 7-27

门店	1 销量	销量排名 ▲	24 TOPN
呼和浩特市	33	1	136.00
南京市	31	2	136.00
北京市	30	3	136.00
石家庄市	22	4	136.00
承德市	21	5	136.00
常州市	20	6	136.00
江门市	17	7	136.00
马鞍山市	17	7	136.00
唐山市	17	7	136.00
总计	542	1	136.00

```
=TopN
( N值,          ——排名前N位
  表,           ——想要提取的表
  [表达式]      ——按什么度量值来排序
  [顺序可选项]  ——0降序，1升序
  )
```

图 7-28

这个公式的逻辑是：TopN 函数在门店信息表中筛选出一张各城市门店销售量在前 5 名的表，该表使用在 Calculate 函数筛选条件中的结果是更改了矩阵表中的初始筛选上下文，新的筛选上下文是排名前 5 名的虚拟表，所以每一行的结果都求得前 5 名城市门店的销售量总计为 136。注意，表中的数字为 33+31+30+22+21=137，而不等于 136，这是因为我们在前面已修改销售量公式为=Round（Sum（'销售数据表' [数量]）/ 100,0），所以公式先会求 5 座城市门店的销售数量之和，再除以 100 并且四舍五入，这与分别四舍五入求得的结果是不同的（懂得阅读公式逻辑非常重要）。

总结一下，TopN 的函数语法由 4 部分构成，第一部分是 N 值，即输入想要前多少名的信息；第二部分是想要提取的表；第三部分是表达式，就是以什么度量值为依据排序，这里用的是简单的销售量度量值，当然也可以套用更复杂的度量值；第四部分是指定是升序还是降序排序。

可能你会说使用传统的 Excel 方法也可以计算出来。下面来做一个有意义的事情：创建一个度量值"前五名的销售量占比"。利用 All 函数使 Divide 函数中的分母为所有门店的总销售量，如图 7-29 所示。

```
前五名销量占比 = DIVIDE([24 TOPN],CALCULATE([1 销量],ALL('门店信息表')))
```

图 7-29

制作一张折线图，其中 X 轴为日历表中的年份和月份，如图 7-30 所示。

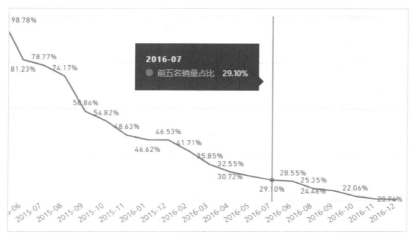

图 7-30

这样数字就有意义了，为什么前 5 名城市门店的销售量占比会逐月持续下降呢？这是因为前 5 名城市门店的业绩下滑了吗？还是因为分店的数量在不断增加？从中可以继续去发掘业务的原因，进一步分析。

这个时候，如果老板想要看前 10 名城市门店的情况，则只需要把 TopN 函数里的"5"改成"10"；如果想要按季度分析，则只要把日历表中的"年份月份"换成"年份季度"；如果想要计算"销售额"而不是"销售量"，就把"销售量"度量值都替换成"销售额"。在本节讲解最后一个公式时，又一次体验了使用度量值的乐趣。**所谓敏捷 BI，就是胜在速度。**

7.6　辅助表：巧妙的助攻

本节介绍的不是新公式，而是基于我们所学知识的使用技巧。辅助表的英文是 Disconnected Table，即断开的、不连接的表，也可以叫其参数表、独立表等。但无论叫什么，它都是辅助运算的表（我们就暂且叫它辅助表吧），它会存在我们的数据模型中，但是我们故意让它不与任何表发生关联。

在 7.5 节介绍 TopN 函数时，举了求全国城市门店销售量排名在前 5 名的例子，如果想要求前 10 名的数据，则只需要把公式中的 N 值改为 10，不过这还是有一点麻烦。作为数据的输出者和仪表板的设计者，我们经常要站在数据的读者的角度去思考，让不懂 Power BI 的人，也可以快速上手操作仪表板。所以，要给数据的读者提供人性化的操作选择并引导他们的思考。

下面介绍如何使用利用辅助表。有多种方法可以创建一张辅助表，比如可以在 Excel 中编辑，然后再导入。因为我们的案例很简单，也可以采用另一种方法。

在 Power BI 的"开始"选项卡下有一个"输入数据"命令，如图 7-31 所示。

图 7-31

在这里可以直接创建一张表，命名为辅助表，列名称命名为"排名"，再输入数字 1~10，单击"加载"按钮，将其直接加载到数据模型中，如图 7-32 所示。

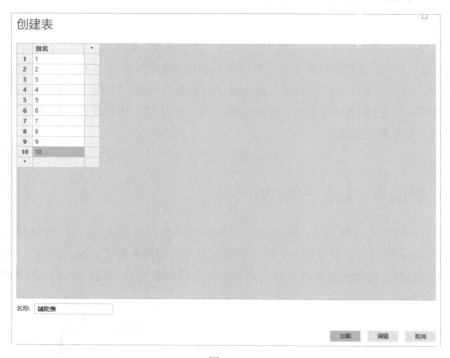

图 7-32

在关系视图中会看到该表，作为辅助表，不要让它与任何表关联，如图 7-33 所示。

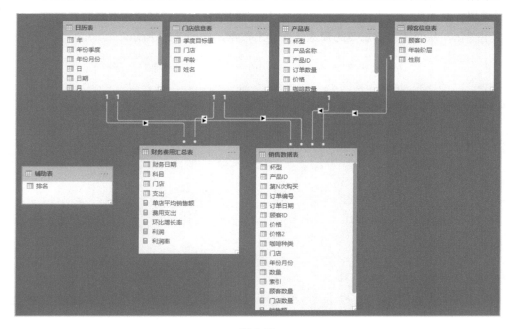

图 7-33

现在需要做的事情就是把该"排名"列加入切片器中。这样就可以利用它来做筛选，只不过这张表与任何表没有关联，所以单击任意数字都不会与其他图表有交互的效果。

接下来新建一个度量值"排名值"，这里使用 Max 函数只是为了把表中的数据转换成值，所以使用 Min 函数当然也是可以的，如图 7-34 所示。

排名值 = MAX('辅助表'[排名])

图 7-34

现在可以把 TopN 函数里面的 N 值（前 5 名）替换成这个度量值，如图 7-35 所示。

24 TOPN = CALCULATE([1 销量],TOPN([排名值],ALL('门店信息表'),[1 销量]))

图 7-35

在前面介绍 TopN 函数时，我们曾制作的前 5 名的销售量占比公式：=Divide（[24

TopN],[1 销售量])。现在当你使用这个公式时它就不再是只筛选前 5 名了，因为可以通过切片器筛选，选 "10" 就是筛选前 10 名的销售量，对应公式里面的度量值就会发生变化，从而按我们想要的筛选名次输出数据，如图 7-36 所示。

图 7-36

这个方法的应用场景很多，比如第 10 个度量值 "10 Filter 销售量" 公式中的筛选条件使用的是[销售量]>200，建立一张辅助表，在其中输入 50、100、150、200 等不同的目标数字，可以利用这种辅助表的方法来做敏感性分析。

还有一些其他经常使用的场景，比如销售额的单位可能是元，如果想要切换成千元、万元、百万元等不同单位，则同样可以建立一张辅助表，分别输入数字 1000、10000、1000000，通过 Max 函数对该列计值，再放入销售额度量值公式的分母中，就可以实现单位的切换了。

下面再举一个例子，也正好巩固一下时间智能函数的用法。下面这个例子就是求移动平均值。求移动平均值是一种简单的平滑预测方法，当时间序列由于受周期和随机波动的影响，起伏较大，不易显示出事件的发展趋势时，使用移动平均值可以消除这些因素的影响。最简单的求移动平均值的公式为：过去 3 个月的销售量总和/3。

如果写这个公式，那么利用我们前面的知识，写 3 个月的移动平均公式，如图 7-37 所示。

```
1  三个月移动平均 =
2      CALCULATE(
3          [1 销量],
4          DATESINPERIOD('日历表'[日期],LASTDATE('日历表'[日期]),-3,MONTH)
5      )/3
```

图 7-37

该公式分子的含义是以上下文的日期为起点，以此日期向前数 3 个月的日期为终点，求这个时间段的销售量。下面使用这个度量值制作一个折线图，以日期表中的年份和月份作为横坐标，将值放入已建好的[3 个月移动平均]和[1 销售量]，从而可以清晰地看到 3 个月移动平均线。

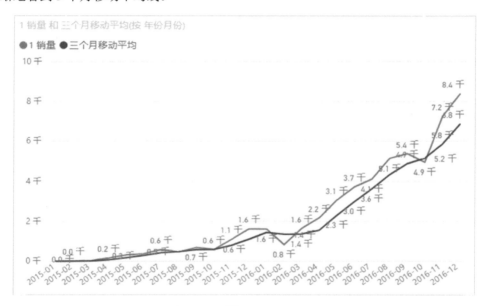

图 7-38

但是你会发现这个公式有点儿问题，2015 年的 1 月和 2 月向前的 3 个月数据不完整，但按照公式也是要除以 3 来计算，显然结果就是有问题的了。我们需要把分母进行修改，可以利用 Distinctcount 函数，如图 7-39 所示。

这个分母的含义是对年份和月份不重复计数，如果时间段有 3 个月，则返回 3；如果时间段有两个月，则返回 2；如果时间段有 1 个月，则返回 1。从而达到了可以随数据调整的目的。

```
1  移动平均 = DIVIDE(
2      CALCULATE([1 销量],
3          DATESINPERIOD('日历表'[日期],LASTDATE('日历表'[日期]),-3,MONTH))
4      CALCULATE(DISTINCTCOUNT('日历表'[年份月份]),
5          DATESINPERIOD('日历表'[日期],LASTDATE('日历表'[日期]),-3,MONTH))
6  )
```

图 7-39

如果想要求 6 个月的移动平均值呢？那么我们可以建立一个月份值替换公式中的数字 3，并放入切片器，这样就可以通过选定数字来求 1~6 个月的移动平均值。

补充说明：

在本书交稿之际，PowerBI 发布了一项新功能，利用"建模"选项卡中的"新建参数"功能（见图 7-40）就可以生成一张辅助表，并且这张辅助表还会自动生成"参数值"度量值和一个切片器，也就是说不需要我们手工输入公式，如图 7-41 所示。

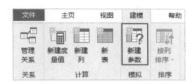

图 7-40

图 7-41

它的原理是利用 Generateseries 函数生成一张表，并且生成一个度量值输出该参数，如图 7-42 所示。

图 7-42

该"参数值"度量值使用的是 Selectedvalue 函数，它的等效表达式是：

=If (Hasonevalue (表[列])，Values(表[列]))

Values 函数可以返回当前上下文的一张不重复值的表，但是它还有一个特性，就是当上下文中仅有一个值时，可以把该值显示在卡片或者其他视觉对象中。比如我们把参数列放到切片器中，把"参数值"度量值放到卡片中，因为当前上下文件有 10 个值，而不是仅有一个值，所以返回的结果是空值，如图 7-43 所示。

这个时候，如果选定切片器中的某个值，也就是当前上下文中仅有一个值的情况，则该参数值就会显示出对应的数值，如图 7-44 所示。

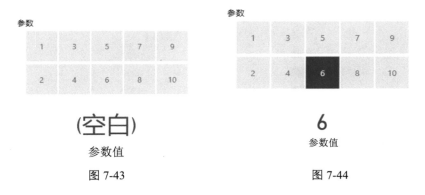

图 7-43　　　　　　　　图 7-44

在一些高级仪表板应用中，我们很可能需要使用这种演示方式，而 Selectedvalue 函数一步到位地解决了这个问题。

到这里不难发现，通过 Power BI 的面板建立参数表的方法与前面利用 Max/Min 函数的原理是一样的。而这里仍然介绍传统方法是想让读者懂得辅助表的内在逻辑，在不同场景下都可以灵活运用。

对辅助表的应用讲解还没有结束，前面的案例仅加了一列辅助列，下面再介绍一个添加多列辅助列的案例，从而使读者更好地掌握辅助表的精髓。

通过门店信息表中的店长姓名，我们可以得到每个店长的销售量，如图 7-45 所示。

姓名	1 销售量
陈二	6,055
李四	8,125
刘一	4,738
孙七	4,596
王五	4,540
吴九	3,425
张三	7,263
赵六	5,285
郑十	5,134
周八	5,084
总计	**54,245**

>6000 金牌
5000-6000 银牌
3000-5000 铜牌

图 7-45

如果将销售量以 0~3000、3001~5000、5001~6000 为档划分成金、银、铜牌，并求三种等级的店长人数，那么如何操作？

（1）建立一张简单的等级表，使用最小值和最大值来划分，如图 7-46 所示。

等级	最小值	最大值
金牌	6000	1000000
银牌	5000	6000
铜牌	3000	5000

图 7-46

（2）基于这张辅助表可以写出“店长数量”度量值的公式，即求店长名单中，符合等级区间的店长数量，如图 7-47 所示。（同样，这里的 Min、Max 函数只是为了得到每个等级对应的单个值，使用最大值和最小值都可以。当然，在这里也可以用 Selectedvalue 函数，区别是在总计行中它会返回空值。）

```
1  店长数量 = COUNTROWS(
2      FILTER(VALUES('门店信息表'[姓名]),
3          [1 销量]>min('等级表'[最小值]) &&
4          [1 销量]<MAX('等级表'[最大值])))
```

图 7-47

（3）把"等级"列和"店长数量"度量值拖入矩阵表中，得到的结果如图 7-48 所示。

等级	店长数量
金牌	3
铜牌	4
银牌	3
总计	**10**

图 7-48

在商业数据分析中，有很多场景需要先定义数据区间，并配合切片器调整数据维度来计算不同的指标，掌握了这个使用最小值和最大值制作辅助表的思路，相信将其拓展应用并不难。

总而言之，辅助表的使用技巧与大多数工具的使用技巧一样，掌握基本原理是核心，在各个场景中的应用需要结合实际情况，而且需要你具有想象力。

到这里，可以说 Power BI 的基本公式已全部介绍完，如果把时间智能函数的时间段函数和时间点函数计为两个函数，那么加上所有介绍的函数，我们一共学习了 24 个函数。这就好像你掌握了太极拳的 24 个招式，单独使用其中一招发挥的效果是有限的，而组合起来运用就会变幻无穷，绝对可以达到 1+1>11 的效果。

下面稍回顾一下之前章节的内容。本书以 Power BI 的可视化为开始，通过咖啡店仪表板的案例（见图 7-49），让读者熟悉 Power BI 的操作界面，了解到 Power BI 的威力，体验到让数据飞起来的感觉。

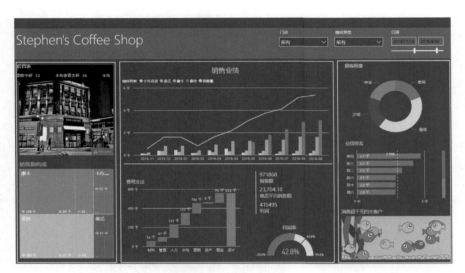

图 7-49

在第 3 章介绍了数据查询和数据清洗的方法，解决了在日常工作中附加值最低而花费时间最长的问题，如图 7-50 所示。

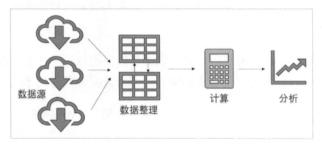

图 7-50

Power Pivot 和 DAX 语言的学习相对于前两个部分，所需要花费的时间更长，因为它们是 Power BI 的核心。掌握了 DAX 语言的基本原理和这些最常用的函数用法后，你就成了"数字大厨"，可以将数据随心所欲地烹饪自己想要的菜。现在你已经完全进入了 Power BI 的大门，师傅领进门，修行靠个人，希望你把所学的知识运用到实践中，并通过与他人的互动交流、切磋技艺不断地精进自己的技能，早日成为 Power BI 大师。

为了完善此书的内容，在后面我还附加了一些更高级的函数作为知识补充，没有这些高级函数你也可以完成基本的数据分析工作，这些补充只为了让你的数据分析知识体系更上一层楼。

7.7　VAR/Return 函数：录音机

VAR 是指 Variables，即变量。Rob Collie 把它比作录音机，这个比喻非常形象，即录制好某一段落再使用，而且可以重复多次地播放。推荐学习 VAR 函数的原因是它简单、好学，有四大突出好处：书写更简洁、可以替代 Earlier 函数、避免上下文的干扰、运算性能更优。

1. 书写更简洁

下面就以 DAX 官网的例子来讲解说明——求同比增长率，其公式逻辑是：（当年销售量–上年同期销售量）/上年同期销售量。如果都放在一个公式里，那么一般会写成类似图 7-51 所示的公式。

图 7-51

可是，这样带来不可避免的问题就是要重复地写同一类函数，而且也不便于阅读。用 VAR 函数可以很好解决这个问题，如图 7-52 所示。

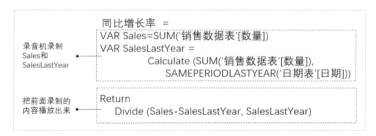

图 7-52

VAR 函数的工作原理是先录制一个变量，再配合使用 Return 函数把录制好的内容拿出来反复使用。并且，在 Power BI 的公式栏中输入公式的时候，智能提示会特别提醒我们使用已经定义好的 VAR 函数，从而极大地方便了我们书写公式。我们把"移动平均"的度量值（图 7-39）用 VAR 函数再来创建一次，如图 7-53 所示。

```
1  移动平均var =
2  var PastMonths=DATESINPERIOD('日历表'[日期],LASTDATE('日历表'[日期]),-3,MONTH)
3
4  return
5  DIVIDE(
6      CALCULATE([1 销量],PastMonths),
7      CALCULATE(DISTINCTCOUNT('日历表'[年份月份]),pas)
8  )
                                            xy PastMonths
```

图 7-53

所以，VAR 函数的好处就是使公式书写更整洁，尤其在公式很臃肿的时候。

2. 可以替代 Earlier 函数

VAR 函数的第二大好处是在大多数情况下它可以替代前面学习的 Earlier 函数，比如在前面 Earlier 函数时曾用过顺序计数的方法，下面再来举一个类似的例子，如图 7-54 所示。

索引	顾客名字	第几次购买
1	侯亮平	1
2	李达康	1
3	高小琴	1
4	沙瑞金	1
5	李达康	2
6	侯亮平	2
7	李达康	3
8	李达康	4
9	祁同伟	1
10	高育良	1
11	祁同伟	2
12	李达康	5
13	高小琴	2

以第7行的李达康为例，
求第几次购买的方法：

筛选出顾客名字为"李达康"
且索引<=7的表，
求这个表的行数

索引	顾客名
2	李达康
5	李达康
7	李达康

结果为3

图 7-54

用 Earlier 函数来计算顾客是第几次购买，如图 7-55 所示。

```
Earlier = countrows(
        filter('数据表',[顾客名字]=earlier('数据表'[顾客名字])
                &&
                [索引]<=earlier('数据表'[索引])))
```

图 7-55

现在学会了 VAR 函数，可以先把 Earlier 函数中引用的列用 VAR 函数来定义，如图 7-56 所示。

```
VAR = var clientname='数据表'[顾客名字]
        var index='数据表'[索引]
        return
        countrows(filter('数据表',
        [顾客名字]=clientname&&[索引]<=index))
```

图 7-56

两个公式输出的结果是一样的。在这里 VAR 函数的工作过程是先识别行上下文（即当前行）中的顾客名字和索引，并记录下来结果，然后在 Return 函数中引用，达到了与 Earlier 函数相同的效果。

很多人对 Earlier 函数非常困惑，对于这部分人群，掌握 VAR 函数会是一个很好的代替方案。而且，Earlier 函数其实更常用于计算列，在度量值中使用 Earlier 函数时很多人会遇到不识别的情况，这是因为 Earlier 函数是严格的定义当前行，而不是当前上下文。

举个例子，假设我们有另一张表，其中记录了优秀门店有哪些，如图 7-57 所示。

图 7-57

这张表与模型中的任何表都没有关联，出于某种原因，在这种无关联的情况下，我们特别想要建立一个矩阵表，其中行放入优秀门店，用度量值来求对应门店在数据表中的销售量（见图 7-58），怎样去做呢？

优秀门店	优秀门店销售数量
北京市	3018
承德市	2076
杭州市	1167
绍兴市	869

图 7-58

你可能想到在门店信息表中进行筛选，筛选条件为等于当前门店，可是这个时候如果使用 Earlier 函数就会报错，原因是公式不是在计算列中，不存在行上下文（Earlier 函数在度量值中使用时，需要像 SumX 这类函数先创造行上下文才能够引用），如图 7-59 所示。

```
优秀门店销售数量 =
calculate(sum('销售数据表'[数量]),
    filter('门店信息表','门店信息表'[门店]=earlier('优秀门店表'[优秀门店])))
  ⚠ EARLIER/EARLIEST 引用不存在的更早的行上下文。
```

图 7-59

使用 VAR 函数来定义当前上下文，可以避免这种尴尬（公式中使用到了 Selectedvalue 函数，该函数在 7.6 节中提到过，对于这个例子也可以使用 Values 函数），如图 7-60 所示。

```
优秀门店销售数量 =
var city=selectedvalue('优秀门店表'[优秀门店])
Return
calculate(sum('销售数据表'[数量]),
    filter('门店信息表','门店信息表'[门店]=city))
```

图 7-60

3．避免上下文的干扰

在介绍上下文的概念时，我们曾对比过图 7-61 所示的两个公式，Filter 函数中使用度量值和直接写公式的效果有可能是不同的，因为会涉及上下文的转换。这个概念在本书中也多次强调过，行上下文不会自动转换成筛选上下文，如果需要转换，则必须使用 Calculate 函数，并且要注意度量值有一个隐藏的 Calculate 函数"外套"，如图

7-61 所示。

```
Calculate ([销售量],
Filter('门店信息表',
[销售量]>200))
```

```
Calculate ([销售量],
Filter('门店信息表',
Sum('销售数据表'[数量])>200))
```

图 7-61

在这个公式中，如果使用 VAR 函数先定义好 Sum 函数，再套用到 Filter 函数中，如图 7-62 所示。

```
VAR Sales=Sum ('销售数据表'[数量])
Return
Calculate ([销售量],
Filter ('门店信息表',
Sales>200))
```

图 7-62

则结果会与使用 Sum 函数的效果是一样的，如图 7-63 所示。

年份季度	Filter中使用度量值	使用SUM	使用VAR
2015Q4		249	249
2016Q1	1,829	4,088	4,088
2016Q2	7,327	8,969	8,969
2016Q3	13,504	14,617	14,617
2016Q4	19,532	20,548	20,548
总计	**47,835**	**48,471**	**48,471**

图 7-63

其原理是，VAR 函数先录制好了在当前上下文中公式 Sum（'销售数据表'[数量]）的输出结果，再将其应用到 Return 函数后面的 Filter 公式中。也就是说，VAR 函数不会受到 Filter 创造的行上下文影响，而是充分发挥了录音机的效果，前面录制了什么，后面就原封不动地放出来。

如果你在前面的学习中对上下文转换和隐藏 Calculate 的概念不是很了解，那么使用 VAR 函数会感到思路清晰了很多。再来看一个例子，如果想要计算超过总销售量 5%的门店的销售量是多少，并且不用 VAR 函数，则需要写成图 7-64 所示的公式。

这里的 All 函数用于排除 Filter 函数创造的行上下文的影响来求得所有门店的销售量。也就是说，当你在写最后一行公式的时候要考虑 Filter 函数创造的上下文的影响，排除干扰后再求得想要的销售量。即使我经常写 DAX 公式，在思考这种逻辑时也要小心翼翼，别掉到上下文的"坑"里。如果用 VAR 函数来写呢？看一下下面的公式，如图 7-65 所示。

```
Calculate([销售量],
Filter('门店信息表',
[销售量]>
0.05*
Calculate([销售量],All('门店信息表'))
))
```

图 7-64

```
VAR Five=0.05*[销售量]
Return
Calculate([销售量],
Filter('门店信息表',[销售量]>Five))
```

图 7-65

很明显此公式的逻辑更清楚、整洁，这里的"Five"是在 Filter 函数外计算的，即先求得当前上下文的 5%销售量是多少并存储下来，再在 Filter 函数中引用并参与运算，从而很好地避免了 Filter 函数创造的上下文对 Five 函数的干扰。

4．运算性能更优

关于运算性能的表现，这与为什么要用录音机的道理是一样的。录制好的东西可以拿出来反复播放，省去了重复的工作。在 DAX 公式工作的过程中，VAR 函数定义的运算会执行一次，Return 函数即使多次引用，都会直接获取前面运算的存储结果，而不会重新执行计算。这相当于大大优化了 DAX 公式的运算性能，从而能让我们更快地完成工作。

基于上面的四大好处，没有用过 VAR 函数的读者，有点心动了吧。虽然没有 VAR 函数一样可以完成工作，但我还是极力地推荐读者使用这个函数。

7.8　DAX：用作查询的语言

谈到查询语言，相信有很多人都听过 SQL（Structured Query Language），即结构化查询语言。所谓查询语言，即从数据库中查询得到数据，这个数据结果一般指的是表。DAX 公式的学习中，读者可以体会到**DAX 语言的核心工作原理有两步：筛选和计算，也就是先确定表是什么，再计算**。而查询语言与 DAX 语言的区别就在于，前者输出的是表，后者输出的是一个值或者是一个单元格结果。但 DAX 语言工作的第一步：筛选与查询语言的功能是一致的，所以自然引出本节的主题：可否把筛选功能单独拿出来当作查询语言使用呢？

　　答案是肯定的。其实在前面讲解 Values 函数时，曾经介绍过"新表"功能和使用
Filter 函数按照一定条件筛选表和使用 Values 函数返回不重复的列表，这两个都是将
DAX 语言用作查询语言的应用，如图 7-66 所示。

图 7-66

　　下面就以 Values 函数来举例（依然使用第 6 章的案例数据），如果通过"新表"
功能输入公式：Values（'销售数据表'[产品 ID]），将查询到一张不重复的产品 ID 表，
这张表将是一张"实实在在"的表，存在我们的数据模型中，如图 7-67 所示。

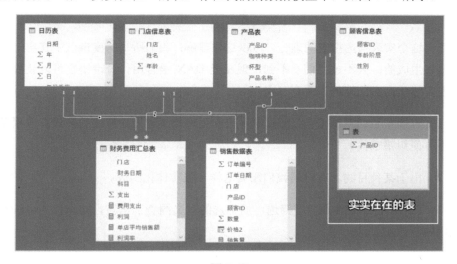

图 7-67

这里使用"实实在在"这个词来描述这张表是因为与之对应的概念是虚拟表，例如想要求不重复的产品 ID 数量，则可以写一个度量值=Countrows（Values（'销售数据表'[产品 ID]）），这里的 Values 函数不会生成一张"实实在在"的表（简称实表），但你可以想象一下一张虚拟表被生成，而且该表与原表是关联的（这个概念在 7.1 节中介绍过），如图 7-68 所示。

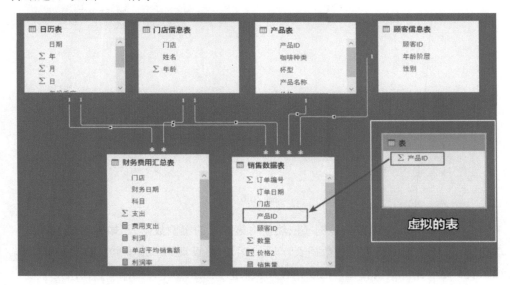

图 7-68

基于这个实表与虚拟表的理论，可以这样理解：我们所写的度量值中其实一直是有虚拟表生成的，只不过我们看不到，现在把 DAX 语言用作查询语言可以让我们把虚拟表实体化，它的好处主要有几点：

（1）有助于我们测试 DAX 公式中筛选的正确性（因为虚拟化的公式有点黑箱操作，不方便纠错查找）。

（2）出于某种目的，有时候我们需要这样一张实体化的表。

（3）DAX 公式的难点在于筛选，而筛选的意义同查询语言，实体化的方法有助于我们的学习。

除了 Filter 和 Values 函数，前面介绍的 TopN 函数也可以直接使用返回排名前几位表，如图 7-69 所示。

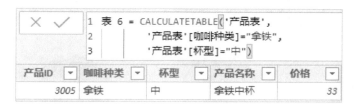

图 7-69

接下来，本节还要介绍几个筛选（查询语言）类的函数：Calculatetable、Intercept、Except、Union 和 Summarizecolumns。

1. Calculatetable 函数

Calculatetable 函数的原理与 Calculate 函数是一样的，差别在于第一部分的表达式是表而不是计算某一值，比如将产品表中咖啡类型为拿铁，杯型为中杯的记录筛选出来，公式如图 7-70 所示。

图 7-70

此公式还可以这样写：第一部分参数使用销售数据表，第二部分的筛选条件来自产品表，也就是说，同 Calculate 函数的工作原理一样，Calculatetable 函数可以使关系模型启动，实现多表运作筛选，如图 7-71 所示。

```
1  表 6 = CALCULATETABLE('销售数据表',
2          '产品表'[咖啡种类]="拿铁",
3          '产品表'[杯型]="中")
```

订单编号	订单日期	门店	产品ID	顾客ID	数量
20023040	2016/12/13 0:00:00	岳阳市	3005	4899	1
20023087	2016/12/12 0:00:00	包头市	3005	3715	1
20023141	2016/12/21 0:00:00	昆明市	3005	4640	1
20023145	2016/12/16 0:00:00	无锡市	3005	2371	1
20023297	2016/12/29 0:00:00	佛山市	3005	2929	1
20023385	2016/12/1 0:00:00	长沙市	3005	4179	1
20023467	2016/12/30 0:00:00	惠州市	3005	4255	1
20023486	2016/12/28 0:00:00	赤峰市	3005	3992	1
20023508	2016/12/26 0:00:00	北海市	3005	4017	1

图 7-71

2．Intercept、Except 和 Union 函数

随着对 DAX 语言的深入学习，Intersect、Except 和 Union 是一个你迟早会用到的系列函数，因为它们非常简单好用。其实从单词的英文含义就可以推断出这几个函数分别对应的功能，如图 7-72 所示。Intersect 是把两张表中相同的部分筛出；Except 是以第一张表 A 为中心，除去两张表中相同的部分；Union 是把两张表合体，效果类似Power Query 中的追加查询。

图 7-72

举个例子，利用 Calculatetable 函数分别制作表 A（2015 年的产品 ID 表），另一张是表 B（2016 年的产品 ID 表），如图 7-73 和图 7-74 所示。

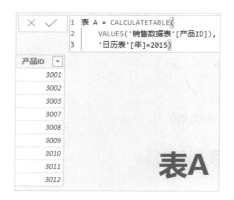

图 7-73

图 7-74

先使用 Intersect 函数筛选数据，因为表 B 包含表 A 中的案例数据，所以得到了与表 A 一样的结果，如图 7-75 所示。

图 7-75

再使用 Except 函数筛选数据，结果为空。因为两张表相同的部分为表 A，在表 A 的基础上除去相同的部分即表 A，结果为空，如图 7-76 所示。

图 7-76

如果调换表的顺序，即表 B 在前，表 A 在后，则得到的数据如图 7-77 所示，所以使用 Except 函数时需要注意一下表的顺序。

图 7-77

最后，使用 Union 函数把两张表合并，这个功能会直接把两张表追加到一起，但是不会删除重复的项目，如图 7-78 所示。

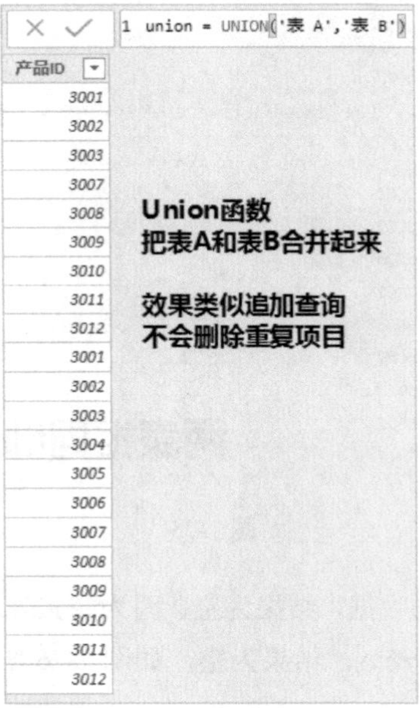

图 7-78

如果想要为图 7-78 所示的表去重复项目，则方法有很多。可以利用公式 Values（'Union'［产品 ID］）来返回不重复的项目，这是前面多次介绍过的方法。或者跳出数据视图，根据矩阵表做成数据透视，也可以快速生成一张包括不重复的产品 ID 表，如图 7-79 所示。

此外，如果直接在原表上完成该操作，则利用 Intersect 函数和 Except 函数组合再使用 Union 函数合并的方式也能够把想要的表范围查询出来，如图 7-80 所示。

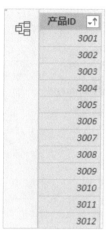

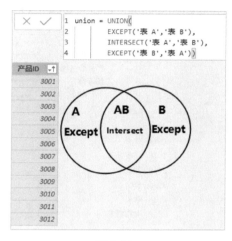

图 7-79   图 7-80

通过以上这几个案例，相信读者已经可以体会到使用该系列函数的最好方法是通过画图帮助自己理解想要达到的目的（此图的学术名称叫韦恩图）。

3．Summarizecolumns 函数

制作一张表最快的方法是使用视觉对象中的表或者矩阵。因为使用此方法不用写公式，只需要通过拖曳字段的方式即可直观地生成想要的效果，还可以利用切片器或其他交互筛选数据，以及利用自带的格式编辑功能调整效果，如图 7-81 所示。

图 7-81

然而，也有可能出于某种需求，会想要生成一张实表并应用在数据模型中，那么可以使用 Summarizecolumns 函数来达到这个目的。比如图 7-82 中以“年份”和“咖啡种类”分组计算销售量的表，可以写成图 7-82 所示的公式。

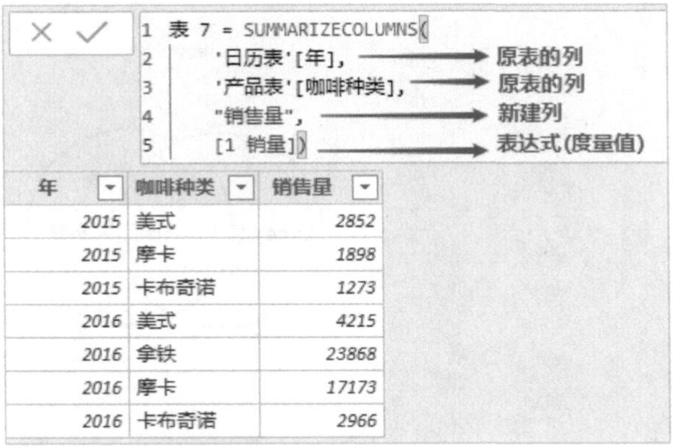

```
表 7 = SUMMARIZECOLUMNS(
    '日历表'[年],
    '产品表'[咖啡种类],
    "销售量",
    [1 销量])
```


年	咖啡种类	销售量
2015	美式	2852
2015	摩卡	1898
2015	卡布奇诺	1273
2016	美式	4215
2016	拿铁	23868
2016	摩卡	17173
2016	卡布奇诺	2966

图 7-82

Summarziecolumns 函数的语法构成比较简单，可以分为两大部分：第一部分为选定想要使用的某张表的某个列，而且可以引用多个列。第二部分相当于在原表的基础上新建列，所以要先给该列定义名称，引用时要使用引号，再以表达式的形式来定义输出的结果。这个表达式可以是建好的度量值，也可以直接写公式，并且新建的列也可以是多个列，比如图 7-83 中建立的销售量和订单数量直接使用了 Sum 和 Countrows 函数。

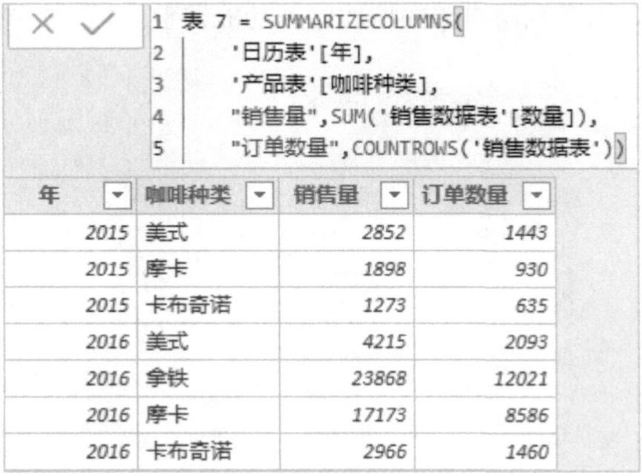

```
表 7 = SUMMARIZECOLUMNS(
    '日历表'[年],
    '产品表'[咖啡种类],
    "销售量",SUM('销售数据表'[数量]),
    "订单数量",COUNTROWS('销售数据表'))
```

年	咖啡种类	销售量	订单数量
2015	美式	2852	1443
2015	摩卡	1898	930
2015	卡布奇诺	1273	635
2016	美式	4215	2093
2016	拿铁	23868	12021
2016	摩卡	17173	8586
2016	卡布奇诺	2966	1460

图 7-83

注意：Summarziecolumns 函数有两个特点：

（1）公式中原表的列是来自日历表和产品表，而最后表达式是计算销售数据表中的数据，得到的是日历表和产品表对销售数据表进行筛选后的结果，也就是说可以在 Summarizecolumns 函数中使用多表的关系模型。

（2）在前面两个例子中，使用度量值"1 销售量"和公式 Sum（'销售数据表'[数量]）的计算结果相同，这与前面在学习原表基础上新建列时的效果不同，该计算没有受当前表中行上下文的影响，而是完全在筛选上下文的范围中运行的。这是 Summarizecolumns 函数的一大特点：它没有行上下文，仅有筛选上下文，然而这也是我们在大多数情况所需要的。

通过这个函数，可以满足我们一些基本的制表需求。当然，我最希望的是，微软可以开发从视觉对象表到数据表的功能来解决该项工作，把这些复杂的代码工作变成面板操作，从而降低 Power BI 的使用门槛，我相信这是迟早的事情。

7.9　取长补短：Excel + Power BI = Better Together

虽然从 Excel 转到 Power BI 有极其诱人的理由，但不可否认的是，Excel 作为应用比较广泛的办公工具，具有不可替代的应用场景。下面介绍在什么情景下，我会选用 Excel 而不使用 Power BI。

1．非数据分析需求

作为世界上最流行的电子表格工具之一，Excel 的很多应用都是非数据分析需求，比如制作课程表、信息录入表等。这类需求相当于把 Excel 当作一个画板，快速地绘制出想要的表格，如图 7-84 和图 7-85 所示。

日期 课程		星期一	星期二	星期三	星期四	星期五	星期六	星期日
上午	第一节							
	第二节							
	第三节							
	第四节							
下午	第五节							
	第六节							
	第七节							
	第八节							

图 7-84

姓　名		性　别			籍　贯		
民　族		出生年月	年	月	日	岁	
入党时间	年　　月　　日		转正时间	年	月	日	
身份证号码			联系电话				

图 7-85

2．可以快速完成小数据分析

如果你面对的仅是一张简单的销售数据表，而且需求只是一次性地分析销售总量，快速地生成一张普通的数据透视表就可以达到目标，那么就没有必要使用 Power BI，如图 7-86 所示。

◢	A	B	C	D	E
1	订单编号	订单日期	门店	产品名称	数量
2	20000001	2015/1/26	北京市	美式大杯	3
3	20000002	2015/1/27	北京市	美式中杯	4
4	20000003	2015/1/29	北京市	美式小杯	1
5	20000004	2015/1/30	北京市	美式中杯	2
6	20000005	2015/2/6	北京市	美式大杯	1
7	20000006	2015/2/10	北京市	美式大杯	4
8	20000007	2015/2/11	北京市	美式小杯	2
9	20000008	2015/2/13	北京市	美式中杯	2

图 7-86

Power BI 更适用于多表处理（多个表之间查找，维度多分析）、数据量大（百万、千万甚至亿行级）、重复性高（每个月甚至每天都有更新）、计算指标多（各类比率分析且要组合不同维度运算）、高级可视化需求等商业分析应用场景。

3．初步了解数据源

大多数数据文件是以 Excel 文件格式来存储的，或者可以从系统导成 Excel 文件格式，所以，在很多情况下 Excel 是第一进入窗口。通过 Excel 的一些筛选、排序等功能以及简单的函数，如 Sum、Vlookup 等，可以帮助我们以最快的速度了解数据源的字段含义和逻辑。基于对数据源的了解，我们可以再利用 Power BI 整理数据，开展建模分析。

4．模拟分析

模拟分析是一种针对不确定性因素的分析方法，例如从众多的不确定因素中找出对投资项目经济效益指标有重要影响的敏感性因素。虽然 Power BI 也可以做一些模拟分析，微软也在逐步加入和完善 what if 分析类的功能，但在一些轻型管理模型测算场景中，比如分析盈亏、投资回报率等，Excel 有其天然的优势。这是因为 Excel 与 Power BI 的一个重要区别是：Excel 以单元格来存储数据，而 Power BI 是列存储式表。

比如图 7-87 所示的利润分析，已知固定的条件是单价和单件成本，变量为销售量和每月费用开支，想要分析在不同情景下的利润水平，则可以简单地在单元格之间运用加、减、乘、除计算结果。这种灵活性是 Power BI 所不具备的，如图 7-87 所示。

	A	B	C	D	E
1					
2		单价	35		
3		单件成本	10		
4					
5					
6			最差状态	中等状态	最佳状态
7		销售量	1,000	2,000	3,000
8		销售额	35,000	70,000	105,000
9		总成本	10,000	20,000	30,000
10		每月费用开支	50,000	40,000	30,000
11		利润	(25,000)	10,000	45,000
12					
13		销售额=单价*销售量			
14		总成本=单件成本*销售量			
15		利润=销售额-总成本-每月开支费用			
16					

图 7-87

而且如果我们想要实现更全面的敏感性分析，基于销售量和每月费用开支的不同组合来求利润水平，那么可以借助于 Excel "数据" 选项卡下的 "模拟分析" 功能，如图 7-88 所示。

图 7-88

首先，在原分析表的旁边制作一张以不同销售量和每月开支费用组合的表。按照图 7-89 所示的步骤来操作。

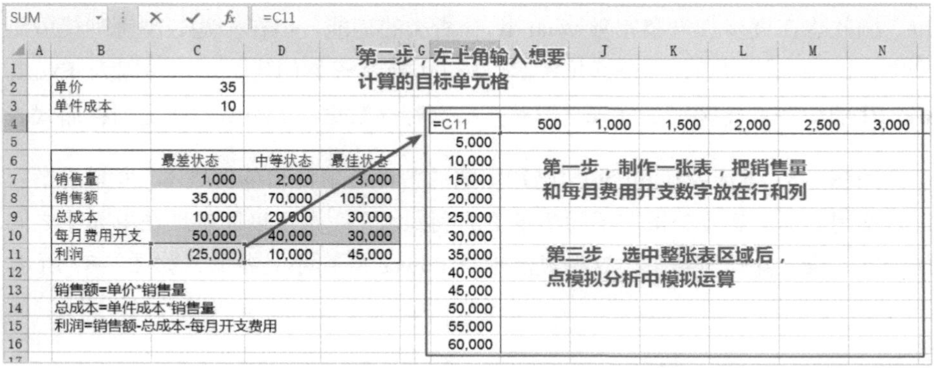

图 7-89

在弹出的"模拟运算表"对话框中，输入引用行的单元格和引用列的单元格，然后单击"确定"按钮，如图 7-90 所示。

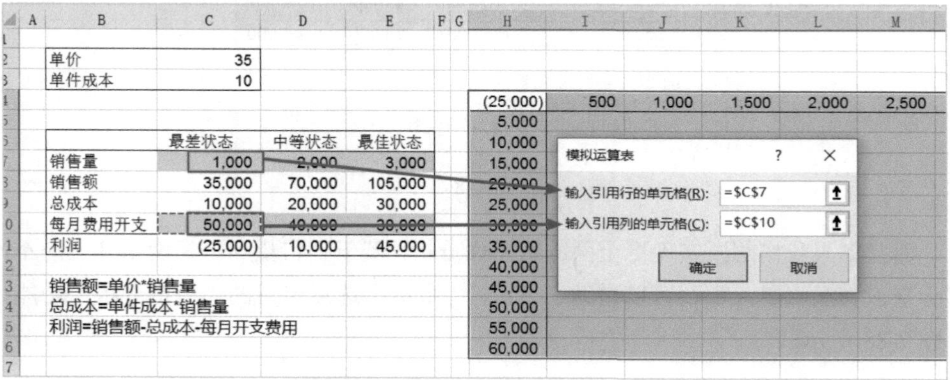

图 7-90

之后，在表中的空白区域输出了不同销售量和费用开支场景下的利润结果。比如销售量为 1000 件且每月费用开支为 25000 元的输出值为 0，这意味着当月销售量为 1000 件时，费用开支要控制在 25000 元以内才能做到盈利，如图 7-91 所示。这就是所谓的盈亏平衡测算。

	销售量											
	500	1,000	1,500	2,000	2,500	3,000	3,500	4,000	4,500	5,000	5,500	6,000
每月费用开支 5,000	7,500	20,000	32,500	45,000	57,500	70,000	82,500	95,000	107,500	120,000	132,500	145,000
10,000	2,500	15,000	27,500	40,000	52,500	65,000	77,500	90,000	102,500	115,000	127,500	140,000
15,000	(2,500)	10,000	22,500	35,000	47,500	60,000	72,500	85,000	97,500	110,000	122,500	135,000
20,000	(7,500)	5,000	17,500	30,000	42,500	55,000	67,500	80,000	92,500	105,000	117,500	130,000
25,000	(12,500)	-	12,500	25,000	37,500	50,000	62,500	75,000	87,500	100,000	112,500	125,000
30,000	(17,500)	(5,000)	7,500	20,000	32,500	45,000	57,500	70,000	82,500	95,000	107,500	120,000
35,000	(22,500)	(10,000)	2,500	15,000	27,500	40,000	52,500	65,000	77,500	90,000	102,500	115,000
40,000	(27,500)	(15,000)	(2,500)	10,000	22,500	35,000	47,500	60,000	72,500	85,000	97,500	110,000
45,000	(32,500)	(20,000)	(7,500)	5,000	17,500	30,000	42,500	55,000	67,500	80,000	92,500	105,000
50,000	(37,500)	(25,000)	(12,500)	-	12,500	25,000	37,500	50,000	62,500	75,000	87,500	100,000
55,000	(42,500)	(30,000)	(17,500)	(5,000)	7,500	20,000	32,500	45,000	57,500	70,000	82,500	95,000
60,000	(47,500)	(35,000)	(22,500)	(10,000)	2,500	15,000	27,500	40,000	52,500	65,000	77,500	90,000

图 7-91

如果想进一步分析敏感因素的重要水平和影响程度（蒙特卡罗方法），还需要 Excel 的特殊插件（@Risk）或者其他软件来执行，这其实已经超出了传统 Excel 和 Power BI 的范畴。可见每种工具都有自身的适用性和局限性。认清楚每种工具的特性可以让我们物尽其用，充分发挥它们的能力。

5．编辑查询器

Power BI 是从 Excel 的 BI 插件衍生而来的，在 1.2 节介绍过 Power BI 的操作流畅性、稳定性、功能性相比 Excel 都更胜一筹，这主要是从 Power Pivot 和可视化两个模块来讲的。因为对于 Power Query 编辑查询器，Excel 与 Power BI 基本无差别，并且在 Excel 2016 版本中已经植入了该模块。

如果你的工作是仅用 Power Query 对表进行数据清洗，后续的工作并非连贯地进行数据建模和可视化的流程，那么完全可以用 Excel 来完成。另外，Excel 的编辑查询器在操作完后可以很方便地生成一张查询表，这往往也是进行数据清洗工作后需要的结果。

本节一共分享了 5 种我会选择 Excel 而不使用 Power BI 的场景。当然，Excel 的功能丰富庞大，一定还有其他 Power BI 无法替代的场景，这些需要你根据实际需求来判断。Excel 的 BI 插件和 Power BI 的核心功能相同，掌握这些核心功能后可以在 Excel 和 Power BI 之间无缝切换。另外，还要掌握 Excel 和 Power BI 各自独有的特点和功能，取长补短，所以说 Excel+Power BI=Better Together。

后　记

如果你已经一路走来读完此书到这里，再回过头来看看起点，则是否有一种站在 Excel 的肩膀上的体验？

在创作本书的每一节之前，我都在揣摩着 Power BI 每一次带来的颠覆，这些颠覆可能是制作出令人惊叹的交互式动态图，也可能是通过逆透视瞬间完成二维表到一维表的转换，还有可能是利用 Power Pivot 的关系模型解决了 Vlookup 的历史难题等。这些颠覆积少成多，最终将戏剧性地改变 Excel 用户的工作效率，甚至可以颠覆一些公司花费数百万元采购的 IT 项目。更可怕的是，它将会改变一种工作模式！

商业分析是由数据到决策的过程，从收集数据、清洗整理数据，再到建模分析出具报告，并展示报告在管理层会议中探讨，最后输出决策。在这个过程中，业务人员或者业务分析人员往往会遇到技能的天花板，需要借助 IT 技术来实现数据需求。然而，从提交需求、IT 人员做设计、写完成代码、验算，再到维护系统等，真是一个漫长的过程。而市场是时不我待，这种传统的从数据到决策的流程显然已经无法满足当今企业的发展速度。造成这个问题的根源很简单，业务人员不懂 IT 知识，IT 人员不懂业务知识。只有既能掌控数据又懂业务，才能够源源不断地产生价值。

因此，以 Power BI 为代表的自助式 BI 的出现，可以说是在以弯道超车的方式解决这类难题，通过容易上手的工具，使业务人员无须 IT 部门的支持，轻松地玩转数据，大大地加速了由数据到决策的过程。

为什么 Power BI 具有如此神奇的力量？究其本质也不足为奇，在科学技术日益更新的时代，计算机技术颠覆人类生活的例子不胜枚举。有一种说法：世界上只有两种人，会编程的人和不会编程的人。在使用 Excel 多年并且发现 Power BI 这个新大陆后，蓦然回首，自己所学所做其实与计算机编程的目的无异。

下图是一串让很多人敬畏的计算机编程语言，你可能并不知道这是什么含义。

```python
from codecs_to_hex import to_hex

import codecs
import sys

encoding = sys.argv[1]
filename = encoding + '.txt'

print 'Writing to', filename
with codecs.open(filename, mode='wt', encoding=encoding) as f:
    f.write(u'pi: \u03c0')

# Determine the byte grouping to use for to_hex()
nbytes = { 'utf-8':1,
           'utf-16':2,
           'utf-32':4,
         }.get(encoding, 1)

# Show the raw bytes in the file
print 'File contents:'
with open(filename, mode='rt') as f:
```

再来看我们熟知的 Excel 公式，它可以短小精悍：

```
=VLOOKUP(D2,产品表!A:D,4,)
```

也可以很漫长到让你不知所云：

```
IFERROR(MIN(IF(OR(Q2="拿铁中杯",Q2="青年"),0,IF(OR(B2="北京",B2="南京",B2="天津"),(V2*3-VLOOKUP(K5,'D:\ps\数据\5月订单\[销售明细.xlsx]sheet1'!A:B,2,0))*0.5,IF(B2="沈阳",IF(K5=36,MIN((V2*5-VLOOKUP(K5,'D:\ps\数据\5月订单\[销售明细.xlsx]sheet1'!A:B,2,0))*0.5,2),IF(K5=39,MIN((V2*5-VLOOKUP(K5,'D:\ps\数据\5月订单\[销售明细.xlsx]sheet1'!A:B,2,0))*0.5,10),IF(K5>42,MIN((V2*5-VLOOKUP(K5,'D:\ps\数据\5月订单\[销售明细.xlsx]sheet1'!A:B,2,0))*0.5,8),IF(K5=28,50,60)))))
```

DAX 公式也同样，初学时可以写一条简单的公式：

```
1销售量 = sum('销售数据表'[数量])
```

深入学习后，在公式栏里可能要利用滚动条才能够写完下图所示的公式：

```
度量值 = var sales=[销售额]
        var N1=calculate(max('辅助表3'[辅助3]),filter('辅助表3',calculate([销售额],topn([辅助值 3],
            all('产品名称表'),[销售额],DESC))<=sales*0.8))+1
        var N2=calculate(max('辅助表3'[辅助3]),filter('辅助表3',calculate([销售额],topn([辅助值 3],
            all('客户名称表'),[销售额],DESC))<=sales*0.8))+1
        var table1a=topn(N1,all('产品名称表'),[销售额],DESC)
        var table2a=topn(N2,all('客户名称表'),[销售额],DESC)
        var table1b=except('产品名称表',table1a)
        var table2b=except('客户名称表',table2a)
        return
            if('辅助表1'[辅助值1]=0.8&&'辅助表2'[辅助值2]=0.8,calculate([销售额],table1a,table2a),
```

然而，无论是计算机编程语言、Excel 公式还是 DAX 语言，虽然和各类语言的学习门槛，专攻的应用领域有差别，但它们都是桥梁，通过它们与电脑沟通，让电脑帮助我们完成工作，这是共同的目标。而且随着工具的进化，很多工作都将通过非代码或者简易代码的方式来实现，最终有可能将会进化到人类用自然语言与电脑沟通，也就是人工智能！当人人都可以成为数据分析师，数据分析就好像驾驶技术一样，将逐渐演化为一项技能，而不是职业。

世界充满了惊奇，譬如一位会计写了一本计算机语言的教材。我以此书来证明新兴科技在不断地打破高贵的技术壁垒，从天而降的惊奇将不断袭来。

阿尔法狗下围棋完胜人类，高盛交易员大规模被机器替代，德勤发布了财务机器人……新兴的科技可助你提高工作生产力，抑或淘汰你的存在。昨天有 Excel，今天有 Power BI，明天有什么我们还不知道。大浪淘沙，势不可挡，愿你在这般潮涌中获得驾驭新科技的力量！

祝好！

马世权